フラクタル
新装版

高安秀樹
［著］

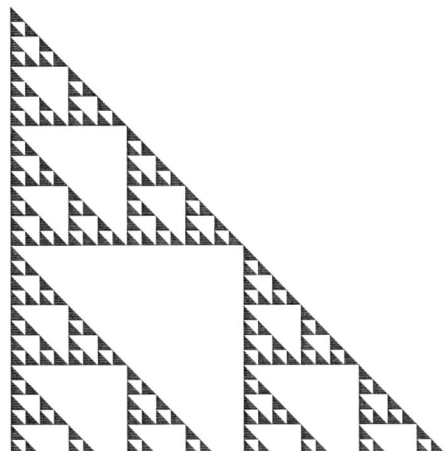

朝倉書店

本書を推薦する

京都大学教授　広中平祐

　世の中には，不規則，不条理と思える複雑な現象が多い．しかも，その複雑さが，細かく詳しく調べれば調べるほど，ますます繁雑になって理解が遠のく場合がほとんどである．物の形にしても，雲や海岸線のように，遠くから大雑把に眺めてこそ，その形に意味を読みとることができる．動くもの，変化するものとなると，滝になって流れ落ちる水としぶき，早朝に始まる大都市の騒音，台風のような気象の激しい変化，投機性の高い株の価格の変動，等々と直ちに思いつくものだけでも枚挙にいとまがない．一見すると，一定の法則に従って安定した変化を続けているものでも，長期的に観察して変化のデータを時間短縮した図式で眺めると，激しく変動していることがわかる．企業群，あるいは国家群の栄枯盛衰とか，生物進化の過程でもカオス的現象はある．また，整合性と因果律に従って変化している現象でも，極限の場合，すなわち一定の限界を乗り越えると急激にカオス現象が出現する．沸騰を始める湯水の流動，ひきつけを起こすときの脳の内部活動，等々．

　このような，世の中に氾濫する雑音，繁雑，不測，不安定，衝突等々と呼ばれる現象を幾何学的に把握する重要な第一歩としてフラクタル幾何学が生まれた．

　高安秀樹君は，物理学者として，フラクタル現象を専門とする学者である．日本国内のみならず，海外でのフラクタル研究会にも出席して，フラクタル幾何学に関連した様々な立場と観点の先端研究者と接触して見聞を広めてきた．

　この著書は，一歩ふみこんでフラクタル幾何学の数学的内容と，フラクタル現象の科学的特質を学びたいという読者には最良の書である．難しい課題がわかりやすく，読みやすく解説されている．

序

　フラクタルという概念は，10年程前にMandelbrotによって創りだされた．その後のフラクタルの発展はめざましく，自然科学の様々な分野だけでなく，社会科学等にまで影響を及ぼしている．異なる分野に属する現象どうしに類似性のあることが，フラクタルを通して明らかになった例もある．フラクタルは，細分化された現代科学の各分野を結びつける横糸のような役割をはたしつつあるともいえる．本書は，このように重要性がますます認識されつつあるフラクタルを，物理的な見地から概説する目的で書かれている．内容は可能なかぎり欲ばり，現時点で知られているフラクタルに関する知識のうち重要なものはすべて網羅したつもりである．フラクタルの基礎から実際の問題への適用例，そして最先端の話題まで，フラクタルに関するまとまった知識を提供できることと思う．

　本書を読むにあたっては，難しい数学的知識は必要としない．高校一年程度の数学（とくに指数と対数）を知っていれば，全内容の7割程度は理解できるはずである．非整数の次元に慣れるまでには多少時間がかかるかもしれないが，慣れてしまえば普通の整数の次元とまったく同じ感覚で扱えるようになる．著者自身は，フラクタルという概念は，けっして専門家だけのものではなく，むしろ高校の高学年か大学初年級の頃に学ぶべきものであると考えている．形や現象を記述することは自然科学の第一歩であるから，複雑な形を記述するための概念であるフラクタルは，科学を学び始めた頃に学ぶのが最もふさわしいと思うからである．本書の第1章と第2章は，そのようなことを意識し，とくに難しい話題は避け，フラクタルの入門的な話題を中心としている．フラクタルをまったく知らない読者でも，これらの章を読んでいくうちにフラクタルとは何かということがだんだんとわかってくるものと期待する．

　フラクタルの根源である非整数の次元は，実は100年程前から知られていた．それが最近になって急に脚光を浴びるようになったことと，コンピュータの進化

とは切り離すことができない．コンピュータで可視化することによって，複雑なフラクタル図形を感覚的に理解することが容易になるからである．このことを考慮に入れ，第3章にはパソコンのプログラムを掲載してある．パソコンをお持ちの読者は，自分のパソコンでフラクタルを作ってみることによって，フラクタルをより身近なものとしてとらえることができるようになるだろう．紹介するプログラムは，どれも1ページにも満たない短さである．にもかかわらず，得られるフラクタル構造は，すべて非常に複雑である．このことも，フラクタルが難しいものではなく，ちょっとした発想の転換から生まれてきているということを示唆しているといえよう．

第4章には，物理学を中心としたやや専門的な話題がとりあげてある．統計物理学に関心のある読者にとっては，かっこうの話題提供になるものと思う．

第5章では，フラクタルに関連のある数学的手法4つをまとめてある．この章の内容は，フラクタルを理解するうえで必要なものというわけではなく，フラクタルを何かに応用したりするときに役立つ便利な道具ということができる．フラクタル以外のことにも使える大変強力な道具なので，数式アレルギーでない方には是非とも読んでいただきたい．とくに，「くりこみ群」は，名前だけを知っている人からは難解な理論として敬遠されがちであるが，本質的なところは高校レベルの数学だけで完全に理解できる程度のものである．また，「安定分布」は，これまで数学者以外にはあまりなじみがなかったが，ガウス分布等の基礎をなす非常に重要な概念である．ひとりでも多くの方にこれらを知っていただくことができれば幸いである．

最後の章は，次元の拡張や整理等，ややデリケートな話題を提供している．フラクタルは，まだ基礎が確立しておらず，厳密な定義も統一されていない．通常，フラクタル次元と呼ばれているものも，実は何種類かの定義があり，混乱を招きがちである．そのあたりのあいまいさを少しでも減らすことができれば，と思い，いろいろな定義による次元を整理してみた．また，時系列データのフラクタル性を解析する方法や，フラクタルに関連のある数学的な定理等のまとめもこの章に含めてある．データ解析，あるいはフラクタルの数学的側面に興味をお持ちの方には，関心を持っていただけることと思う．

フラクタルの研究は，今，非常に活発に行なわれている．まさに日進月歩であり，本書が印刷されるまでのわずかな間にも新たな発見があるであろうことはまちがいない．フラクタルのおもしろさだけでなく，そのような科学の最先端の熱さを少しでも読者に伝えることができれば，本書のねらいは達せられたことになる．本書を通じてフラクタルを自分のものとし，さらに自分なりに発展させてくださる読者が現われれば，著者にとっては至福である．

　1986年 春

高 安 秀 樹

謝　　辞

　本書を執筆するにあたり，多数の方々のお力添えがあったことを著者はここに感謝し，謝辞を述べさせていただきたいと思います．

　本書を書くことを勧めて下さった東京大学地震研究所山科健一郎先生，および朝倉書店編集部には，執筆当初より，構成等に関したくさんの御意見をいただきました．とくに山科先生には，本文の詳細な部分まで多数の御指摘や貴重な忠告をいただき，本書の完成にあたり大変参考とさせていただきました．

　広中平祐先生には，御多忙の折に本書を薦める言葉を書いていただき深く感謝をいたします．B.B. Mandelbrot 先生，巽友正先生，蔵本由紀先生，山口昌哉先生には，本書の執筆中，励ましの言葉をかけていただきました．また，相沢洋二先生，長谷川洋先生，館野博先生，塩田隆比呂氏，S. Wolfram 氏，西川郁子さん，増田弥生さん，松村直人氏，田中智氏，平田隆幸氏，早川尚男氏との議論は大変有意義でした．また，本書の図のいくつかは，次の方々が快く引用を認めて下さったおかげで掲載することができました．

　松下貢先生，D. Avnir 氏，P. Bak 氏，V.N. Belykh 氏，F.H. Champane 氏，S. Lovejoy 氏，P. Meakin 氏，F. Shlesinger 氏，R.F. Voss 氏，T.A. Witten 氏．

　とくに，松下先生と Avnir 氏には，貴重なアドバイスもいただきました．また，第3章に掲載したパソコンのプログラムの作成には，服部賢氏，大橋猛氏，国上真章氏，そして著者の妹である高安恵子に協力をお願いしました．各プログラムがコンパクトにまとまったのは，服部氏と大橋氏のおかげです．

　本書は，著者が名古屋大学大学院在学中に行なった研究を学位論文としてまとめたものがもととなり，実現したものです．恩師谷内俊弥先生には，5年間にわたり面倒をみていただきました．著者のささいな思いつきをも大切にしてくださった先生の御指導には，深く感謝いたしております．また，館野美佐子さんには，学位論文の時以来本書ができあがるまでの間，原稿の清書や図の作成，内容のチェック等，時間を惜しまぬ協力をしていただきました．彼女の協力がなければ，本書の出版は予定よりも遅れていたことと思います．改めて感謝の意を表したいと思います．（高安秀樹）

目　次

1. フラクタルとは何か？

1.1 特徴的な長さ …………………………………………………… 1
1.2 フラクタル ……………………………………………………… 5
1.3 フラクタル次元 ………………………………………………… 7
1.4 基本的なフラクタル …………………………………………… 25
　a. カントール集合と悪魔の階段 ……………………………… 25
　b. シルピンスキーのギャスケット …………………………… 27
　c. ド・ウィースのフラクタル ………………………………… 27
　d. レビのダスト ………………………………………………… 29
tea time　ミクロとマクロ ………………………………………… 31

2. 自然界のフラクタル

2.1 地学関係 ………………………………………………………… 32
　a. 地　形 ………………………………………………………… 32
　b. 川 ……………………………………………………………… 34
　c. 地　震 ………………………………………………………… 36
2.2 生物関係 ………………………………………………………… 36
　a. 肺や血管の構造 ……………………………………………… 36
　b. 植物の構造と虫の数 ………………………………………… 38
2.3 宇宙関係 ………………………………………………………… 39
　a. 星の空間的分布 ……………………………………………… 39
　b. クレーター，小惑星の直径分布 …………………………… 40
　c. 土星の輪 ……………………………………………………… 41
2.4 物理化学関係 …………………………………………………… 42
　a. 固体表面 ……………………………………………………… 42

b.	凝集体 ……………………………………………………43
c.	ヴィスカスフィンガー ………………………………46
d.	放電パターン ……………………………………………47
e.	高分子 ……………………………………………………48
f.	相転移（パーコレーション）………………………49
g.	乱流 ………………………………………………………54
h.	ランダムウォーク ……………………………………57
i.	緩和過程（アモルファス・高分子）………………58
j.	ジョセフソン接合 ……………………………………60
k.	分子のスペクトル ……………………………………62

2.5 その他の分野 …………………………………………64
    a. $1/f$ 雑音 ……………………………………………64
    b. 通信系のエラー ………………………………………65
    c. 所得の分布 ……………………………………………65
    d. 株価の変動 ……………………………………………67
    e. ジップの法則 …………………………………………68

tea time　フラクタルもどき …………………………………70

3.　コンピュータのフラクタル

3.1 凝集体 …………………………………………………72
3.2 カオスと写像 …………………………………………74
    a. 奇妙なアトラクター ………………………………74
    b. 写像によるカオス …………………………………80
    c. 写像によるフラクタル ……………………………86
3.3 ランダムクラスター …………………………………89
    a. パーコレーション …………………………………89
    b. スピン系のクラスター ……………………………90
3.4 放電と破壊のパターン ………………………………91
3.5 ランダムウォーク ……………………………………97

3.6 オートマトン …………………………………………………… 99
3.7 パソコンのプログラムリスト ………………………………… 102
   a. コッホ曲線 ……………………………………………… 103
   b. レビのダスト …………………………………………… 104
   c. 凝集体 …………………………………………………… 104
   d. ローレンツ系 …………………………………………… 105
   e. ヘノン写像のアトラクター …………………………… 106
   f. ジュリア集合 …………………………………………… 107
   g. パーコレーション ……………………………………… 108
   h. 自己回避ランダムウォーク …………………………… 108
   i. オートマトン …………………………………………… 110
   j. 非整数ブラウン運動 …………………………………… 110
tea time バーナード・メダル ……………………………………… 113

4. 理論的なフラクタルモデル

4.1 乱流モデル ……………………………………………………… 114
4.2 フラクタル上のランダムウォーク …………………………… 118
   a. スペクトル次元 ………………………………………… 118
   b. ロングタイムテイル …………………………………… 122
4.3 悪魔の階段 ……………………………………………………… 126
tea time 学会と研究会 ……………………………………………… 130

5. フラクタルを扱う数学的方法

5.1 くりこみ群 ……………………………………………………… 131
5.2 安定分布 ………………………………………………………… 137
5.3 次元解析 ………………………………………………………… 145
5.4 非整数階の微積分 ……………………………………………… 149
tea time 安定分布 …………………………………………………… 153

6. フラクタルの拡張と注意

- 6.1 フラクタル次元の拡張 ……………………………………………… 154
- 6.2 種々の次元のまとめ ………………………………………………… 161
- 6.3 時系列データの処理の方法 ………………………………………… 165
- 6.4 数学的補足 …………………………………………………………… 169
  - a. ハウスドルフ次元の求め方 …………………………………… 169
  - b. ルベーグ測度とハウスドルフ測度 …………………………… 170
  - c. カントール集合のもつある性質 ……………………………… 171
  - d. トポロジカル次元の定義 ……………………………………… 171
  - e. D_q の微分同型変換不変性 …………………………………… 172
  - f. フラクタル集合の直積,交わり,射影 ……………………… 172
  - g. フラクタル集合の微分可能性 ………………………………… 173
  - h. グラフのフラクタル次元について …………………………… 174
  - i. フラクタルランダムウォークの性質 ………………………… 174
- tea time フラクタル的世界観 ……………………………………… 176

参考文献 ………………………………………………………………… 177
索　引 …………………………………………………………………… 183

1. フラクタルとは何か？

フラクタル図形を初めて目にしたとき，多くの人はとまどいを感じる．それらがあまりに複雑で，従来の幾何学的な図形とはかけ離れているからである．非常に難解で，とても理解できないもののように思えるかもしれない．しかし，そういう心配はフラクタルに慣れていくことによって，しだいに薄らいでゆく．そして，それらをきわめて自然なものとして受け入れられるようになるのにもたいして時間はかからない．これは不思議なことではない．というのは，実は，我々が小さい頃から親しんできた自然界の風景の大部分が，フラクタル図形そのものだからである．

この章は，これらの，まだフラクタルになじみのない人のために書かれている．フラクタルは，慣れることが理解するための鍵であるから，わかりにくいところはどんどん飛ばしてすぐに第2章に入ってもかまわない．しかし，第2章以降をきちんと理解するためには，フラクタル次元の意味だけは把握しておく必要がある．

1.1 特徴的な長さ

自然界に存在するあらゆる形や，人類がいままでに考えたあらゆる図形は，おおまかに次のように2つに分類することができるであろう．一方は特徴的な長さをもつ図形であり，もう一方は特徴的な長さをもたない図形である．ここで，特徴的な長さとは，たとえば球を考えるならばその半径，また人間の形を扱うならば身長というように，そのものに付随する長さのうちの代表的なものをさす．もちろん，ここでは厳密な定義に基づいた議論をするわけではないので，人間の形の特徴的な長さとして足の長さを考えても一向にかまわない．とにかく，その形

を特徴づけるような長さであればよいのである．

　正方形や直方体，楕円など，小中学校で習う幾何学的な図形は，みな特徴的な長さをもっているし，また，自動車，たばこ，建物など，身のまわりの人工的な物にも各々特徴的な長さがある．これらの特徴的な長さをもつグループに属する物の形は，多少単純化しても，その特徴的な長ささえ変えなければ，その性質はあまり変わらない．たとえば，自動車の代りに同じくらいの大きさの直方体を，あるいは，人間の代りに同じくらいの高さの円柱を立てておいても，遠くから見る分には大きな違いは生じない．人間の体を円柱とみなすことが乱暴すぎる場合には，手足を円柱に，胴体を直方体に，そして頭を球に置き換えれば，ずっと人間らしくなる．それでもまだ不満ならば，指や鼻といった細かな特徴をつけ加えていけばよい．つまり，このグループに属する物に関しては，直方体や円柱，球や長方形といった幾何学的によく知られた単純な形の組合せによって，その構造がよく近似できるわけである．

　特徴的な長さをもつ形の最も基本的なものは，いま述べたように球や直方体のような幾何学的に単純な形であるが，それらの基本的な形には共通する大切な性質がある．それは，その形を構成する線や面の滑らかさである．球の表面はいたるところ滑らかであるし，直方体のように角ばったものでも，その面は滑らかである．つまり，ほとんどどこでも微分可能である．自然界に存在する形でも，このグループに属する物は，その表面が実際に滑らかであるか，あるいは滑らかであると近似してもかまわない場合が多い．たとえば，地球の形を考えるときには，たいていの場合は，その名のとおり球と思っていてかまわないし，もう少し欲張ったとしても回転楕円体と考えておけば十分であろう．実際の地球の表面には山や海があり，でこぼこしているが，それらのゆらぎは地球の特徴的な長さである半径に比べると無視しうる，というわけである．

　さて，今度はもう1つのグループ，特徴的な長さをもたない形について考えてみよう．フラクタルになじみのない方にとっては，特徴的な長さのない形といわれてもピンとこないかもしれないので，例をあげることにする．たとえば，雲の形を思い浮かべてみてほしい．雲の形にもいろいろあるので，ここでは積乱雲を考えてみよう．もくもくとわき上がった雲の各部分は球に近い形に見えるかもしれない．しかし，よく観察すれば球とみなそうと思った形の中にも無視できないほどのでこぼこがあり，さらに小さな球の集まりをもってこなければよい近似に

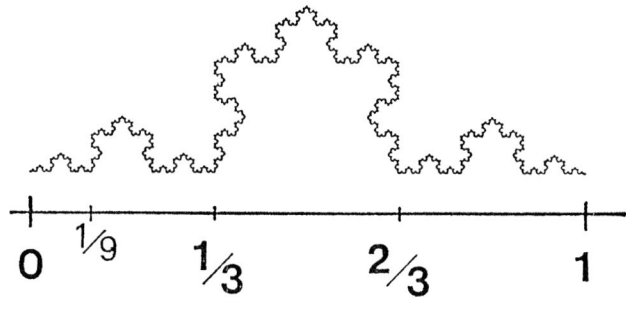

図 1.1 コッホ曲線

はならないことがわかる．同じことは，その小さな球についても，またさらに小さな球についてもいえる．すなわち，積乱雲らしさを表現するためには，大きさの異なる球を無数に用意しなければならないのである．これは，球を用いて近似しようと思ったからたまたまそうなったのではなく，直方体を用いようが，楕円体を用いようが同じことである．つまり，特徴的な長さをもつ図形を使って近似しようとすればいつでも，実際の雲の形と比べ，無視できないくらい大きなずれが生じてしまい，それを減らすためには，大きさの異なる図形を無数に用意しなければならないのである．

　コッホ曲線と呼ばれている有名な図形によって，このことを具体的に確認してみよう．図 1.1 がコッホ曲線であるが，この複雑な形をした曲線を線分と三角形で近似することを考えてみる．一番粗い近似は，図 1.2 の一番上の図になるだろう．しかし，これはもとのコッホ曲線とは似ても似つかない．そこで，さらに近似を高めていくと，図 1.2 の下方の図のようになる．ここまでくると多少のコッホ曲線らしさが表現されてくるが，まだとても十分とはいえない．実は，コッホ曲線は，この近似の操作を無限に繰り返し，無限に小さな線分，または三角形によって補正した極限として定義されるのである．

　特徴的な長さをもたない図形の大切な性質は，自己相似性である．自己相似性とは，考えている図形の一部分を拡大してみると，全体（あるいは，より大きな部分）と同じような形になっている，ということである．図 1.1 のコッホ曲線の区間 [0, 1/3] における図形を 3 倍に拡大した図形を思い浮かべてほしい．拡大した図形がもとのコッホ曲線とまったく同じ形になることがわかるだろう．同様のことは，区間 [2/3, 1] における図形に対しても，また，傾いてはいるが，区間

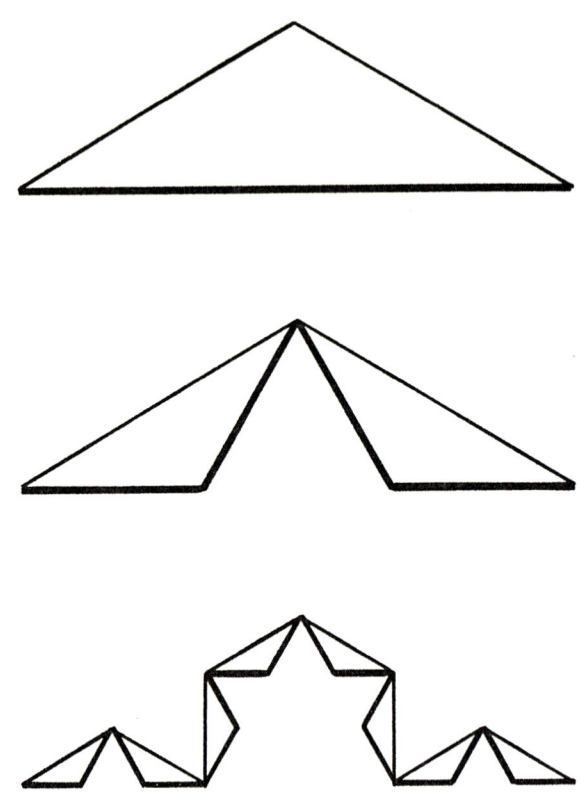

図 1.2 コッホ曲線を線分（——）と三角形（——）で近似する.

[1/3, 1/2], [1/2, 2/3] の図形に対してもいえる．区間 [0, 1/9] における図形を9倍してもやはり元と同じ図形が得られるし，さらに小さな部分についても同様である．いくら小さな部分でも，そこを適当な大きさに拡大すれば元と同じ図形が得られるわけである．

　この性質はコッホ曲線に限られるわけではなく，さきほど述べた積乱雲についてもいえる．つまり，雲の一部を望遠鏡などで拡大して観測しても，肉眼で見たのと同じような形に見えるはずであり，さらに倍率をいろいろ変えても，観測される形はどれも似たようなものになっているはずである．もちろん，雲の場合には，コッホ曲線のように部分と全体がまったく相似形になっているのではなく，同じような複雑さをもった形に見えるのであり，統計的な意味で自己相似になっているわけである．

1.2 フラクタル

　特徴的な長さをもたない形の例は，積乱雲やコッホ曲線のほかにもたくさん知られている．たとえば，身近なものでは，海岸線や山の起伏や川の形などがそうである．実際，地図や航空写真を見ても，建物や道路などの人工的なものがない限り，その縮尺がどれくらいなのかは見当がつかない場合が多い．それら以外にも，ある種の植物や，動物の体内にある肺や血管などの複雑に枝分かれした構造にも特徴的な長さはない．自然界に存在するものだけではなく，コンピュータによってもこのような図形は，たくさん作り出すことができる．フラクタルとは，これらの，特徴的な長さをもたないような図形や構造，現象などの総称である．このフラクタル (Fractal) という言葉は，マンデルブロ (Mandelbrot, 1924—) が，1975年に新しく作った言葉で[1]，語源はラテン語の形容詞 fractus である．この語の派生語である fractional（小数の）や fracture（破砕）などの英単語からも推測できるように，fractus は，物が壊れて不規則な破片になった状態を表わしている．したがって，フラクタルという言葉に対しても，小さな破片や大きな破片がたくさん集まったような状態を思い浮べておけば，大きな誤解は生じない．しかし，フラクタルという言葉は生まれたばかりであり，また，厳密な定義もないので，細かいニュアンスはフラクタルの専門家の間でも統一されてはいない．本書でも，あまり厳密さにはこだわらずに，全体を通してフラクタルを浮き彫りにしていきたいと思う．

　特徴的な長さをもつ形の大切な性質は滑らかさであることをさきほど述べた．特徴的な長さよりも小さな部分を滑らかに近似しても，全体の特徴を失うことはないからである．これに対し，フラクタルは滑らかさを完全に否定している．いくら拡大してみても，元と同じように複雑なのであるから，接線の引きようがなく，微分が定義できないのである．つまり，フラクタルを考えるということは，どこでも微分が定義できないような形を取り扱うことを意味している．

　微分を否定することは，歴史的には非常に画期的なことであろう．それは，数学，物理学の歴史を振り返ってみても明らかである．古代エジプトにおいて始まった幾何学は，ギリシアで大きく開花したが，当時扱われていた図形はコンパスと定規によって描けるものだけであった．物体を投げたときの軌跡すら，線分と

円弧の組合せで表わそうとしていた．もちろん，そこで扱われていた形は滑らかなものばかりであった．ニュートン以降，微積分と幾何が結びつき，より複雑な形を正確に表わすことが可能となった．現在においては，微積分の重要性はきわめて大きく，それなしでは物理学の大部分が基盤を失ってしまうおそれすらある．非常に美しく，一般性の高い理論として有名な重力の理論*でさえも，小さな領域では空間をまっすぐであると近似できることを，大前提としている．したがって，フラクタルはそういう理論体系にはなじまない．我々がこれから扱おうとしているフラクタルは，そういう意味で，まったく新しいものの見方を要求しているのである．

これまでの物理学は，大きな極限である宇宙と小さな極限である素粒子の解明にたくさんのエネルギーを費やし，多くの知識を得てきたが，我々の日常生活になじみの深い中位の大きさの現象については，あまり深い考察がなされているとはいいがたい．これは，けっして中位の現象がおもしろくないためではなく，大きな極限や小さな極限の方がものごとが考えやすくなるためであろう．宇宙や素粒子には特徴的な大きさというものがあると期待されるので，その特徴的な大きさのものだけを残して，他を無視してしまうような近似が使えるからである．それに対し，中位の大きさの現象は，本質的に多体系であって，たくさんのものが複雑に相互作用し合っており，しかも特定の相互作用だけを取り出したのでは大切な性質を見失ってしまうことが多い．そこでは解剖学的な方法はほとんど無力なのである．人間の複雑微妙な心理を解明しようとするときに，メスや顕微鏡が役に立たないのと同じことである．そして，精神分析学が人間の心理の解明に大きなてがかりを与えてくれたように，フラクタルの考え方が中位の大きさの複雑な現象の解明への重要な鍵となることが，期待されている．

フラクタルの考え方の基本は，特徴的な長さのなさ，あるいは，自己相似性であるが，そういう見方は以前から気づかれていた．たとえば，寺田寅彦（1878―1935）は金属やガラスの割れ目を観察しているときに次のようなことを述べている[2]．

　　　「面白いことに，その円錐形のひびわれを，毎日のやうに顕微鏡で覗いて

---

* アインシュタイン（Einstein, 1879―1955）によって1916年に発表された一般相対性理論のこと．彼は，時空が連続的で滑らかな実数の4次元空間であること，物理法則は座標変換によって変化すべきでないこと，重力は空間のゆがみによって生じること，などの基本的な仮定から演繹的に理論を作り上げた．宇宙の膨張，ブラックホール，重力波などは，この理論をもとに解析される．

見てゐると，それが段々に大きなものに思はれて，今では一寸した小山のやうな感じがする．…それが益々大きなものに見えて来るのである．実際此山の高さは一分*の三十分の一よりも小さなものに過ぎない….」

彼は，このように小さな世界と大きな世界の類似性を見出しているが，残念ながらそれを発展させることはできなかった．自己相似性の考え方を発展させるためには，定性的な記述に留まらずに，定量化，可視化することが必要だったのである．

フラクタルを定量的に表わす量は，次節で導入するフラクタル次元であるが，その考え方のもととなったハウスドルフ次元は，いまから1世紀ほども前に生み出されていた．それを自然界に存在するものに適用しようとした点が，マンデルブロの偉大な飛躍であった．フラクタルを感覚的に把握するためには，可視化することが不可欠であるが，それはコンピュータなしでは，ほとんど不可能である．フラクタルは解析学の最大の武器である微分を放棄してしまっているので，それを補うためにもコンピュータによる数値解析やシミュレーションが不可欠である．フラクタルは，コンピュータによって育てられている，といっても過言ではないだろうし，コンピュータの進化とともにフラクタルの理論も成長していくことが十分に期待される．現代のテクノロジーの最先端であるコンピュータを駆使して，これまでの自然科学が敬遠していた荒地を開拓しようとしているのがフラクタルである．

1.3 フラクタル次元

フラクタル次元について述べる前に，まず，次元とは何かを考えてみよう．我我は経験的に，点は0次元，直線は1次元，平面は2次元，そして自分達の住んでいる空間は3次元であることを知っている．相対論のように時間と空間を対等に扱う立場をとるならば，我々の住んでいる空間は4次元になる．このような経験的次元は，すべて整数であり，その数字は独立に選べる変数の数，自由度，と一致する．すなわち，直線上の任意の点は1つの実数によって表わすことができ，平面上の任意の点は2つの実数の組によって表わすことができる．このように，次元を自由度の数とする立場をとるならば，任意の非負の整数 n に対して，

---

* 尺貫法で1寸の10分の1の長さのこと．約3mm．

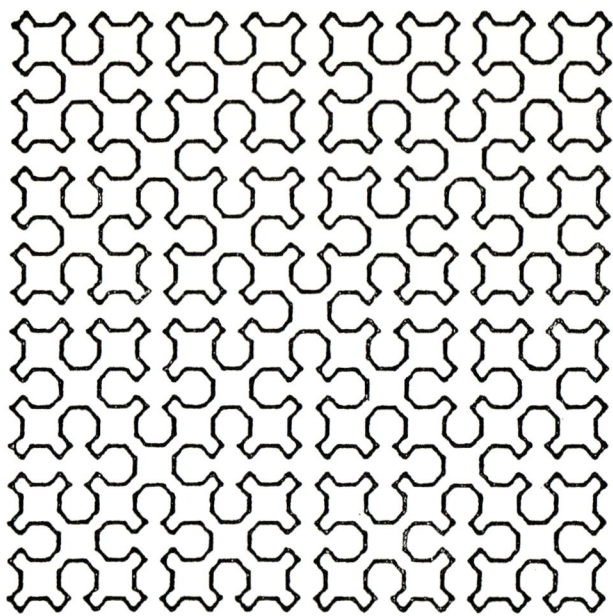

図 1.3 ペアノ曲線

n 次元空間を考えることは，数学的にはまったく問題がない．実際，質点系の運動を扱う場合に，座標と運動量を独立変数とみなし，n 粒子系を $6n$ 次元空間中の1つの点の運動として考えることは力学の基礎である．

自由度の数を次元とする考え方は，きわめて自然であり，とくに疑問の生じる余地はないように感じるかもしれない．しかし，既に100年程前（1890年）にこの経験的な次元に対して深刻な問題が提起されていた．それは，2次元であるはずの正方形上の任意の点を，たった1つの実数によって表わしうることが示されたからである．平面を完全に覆いつくすような1本の曲線の一番よい例は，ペアノ曲線である．ペアノ曲線は，図1.3のような折れ線の極限として定義される*．この図を見ても，この曲線が面をびっしりと一様に覆っていることはわかるであろう．この曲線は自己相似的で，いたるところ微分不可能であり，前節で述べたフラクタルの典型的な例となっている．ペアノ曲線の考え方は，3次元以上にも

---

* ペアノ曲線の数学的意義，具体的な描き方については，理系の大学生のほとんどが目を通す名著，高木貞治の『解析概論』（岩波書店）の最後の付録を見るとよい．そこには，コッホ曲線も，いたるところ微分できない曲線として紹介されている．

適用でき，n 次元空間中の任意の点を1つの実数で表わすこともできる．つまり，n 次元空間を自由度から考えると1次元とみなすことも可能なのである．

このような矛盾を避けるためには，次元の意味を根本的に考え直さなければならなかった．その結果，6.2節にまとめたように，数多くの次元の定義が考案されてきた．その中でも一番わかりやすく，しかもフラクタルと密接な関連があるのが，相似性次元と呼ばれる量である．

線分，正方形，立方体の次元を相似性に基づいて考えてみよう．まず，図1.4のように，各図形の辺を2等分する．当然ながら，線分は半分の長さの線分2個になる．正方形の場合には，1辺がもとの1/2の正方形4個になり，立方体の場合には8個になる．つまり，線分，正方形，立方体は，それぞれ全体を1/2にした相似形2,4,8個によって全体が構成されているとみなすことができるのである．この数字2,4,8は，$2^1, 2^2, 2^3$ と書き直すことができるが，ここに現われる指数1,2,3がそれぞれの図形の経験的な次元と一致する．もう少し一般的な表現をする

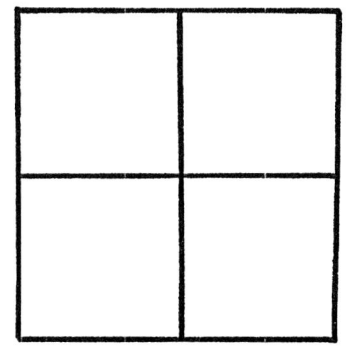

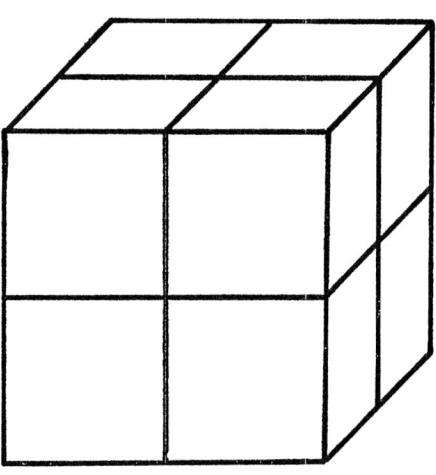

図 1.4
線分，正方形，立方体の単位長さを半分に分割する．

と，ある図形が，全体を $1/a$ に縮小した相似図形 a^D 個によって構成されているとき，この指数 D が次元の意味をもつわけである．この次元を相似性次元と呼ぶ．この次元を基にすれば，ペアノ曲線の矛盾は解決する．ペアノ曲線は，図1.3を見ればわかるように，全体を $1/2$ に縮小した図形4個によって全体が構成されている．$4=2^2$ であるからペアノ曲線の相似性次元は2となり，正方形の次元と一致するのである．

このように相似性次元は，経験的な次元を自己矛盾のないように再構成しているが，実は，経験的次元では考えられなかったような性質ももっている．それは，上の定義からもわかるように，相似性次元 D は，整数である必要性がまったくないのである．もしも，ある図形が，全体を $1/a$ に縮小した相似形 b 個によって成り立っているならば，$b=a^D$ より，相似性次元は

$$D = \frac{\log b}{\log a} \tag{1.1}$$

となるわけである．ここで，図1.1のコッホ曲線を思い出してみよう．先に述べたように，コッホ曲線は，全体を $1/3$ にした相似形4個によって全体が構成されている．したがって，コッホ曲線の相似性次元は，(1.1)式より，

$$D = \frac{\log 4}{\log 3} = 1.2618\cdots \tag{1.2}$$

という非整数の値になるのである．

非整数値をとる次元は，経験的な次元だけにしかなじみのない人には，非常に奇異に感じられるかもしれない．しかし，コッホ曲線は1次元というには複雑すぎ，しかし，かといって2次元というには（ペアノ曲線と比べると）単純すぎる，という見方をすれば，$1.26\cdots$次元という値は，的を射ているようにも思える．この非整数値の次元が，コッホ曲線の複雑さを定量的に表現しているのである．フラクタル図形は，一般に非常に複雑な形をしているが，その複雑さが非整数の次元によって定量化されるわけである．異なる非整数の次元をもつようなフラクタル図形が2つあったときには，次元の高い図形の方が，一般的にはより複雑であるといえる．非整数の次元のはたす役割がいかに大きいかは，本書全体を通じて理解されることだろう．

さて，このように相似性次元は，経験的次元を非整数値にまで拡張した画期的な量であるが，このままの定義では適用範囲が非常に限られている．厳密な相似性を有する規則的なフラクタル図形だけにしか，この次元が定義されないからで

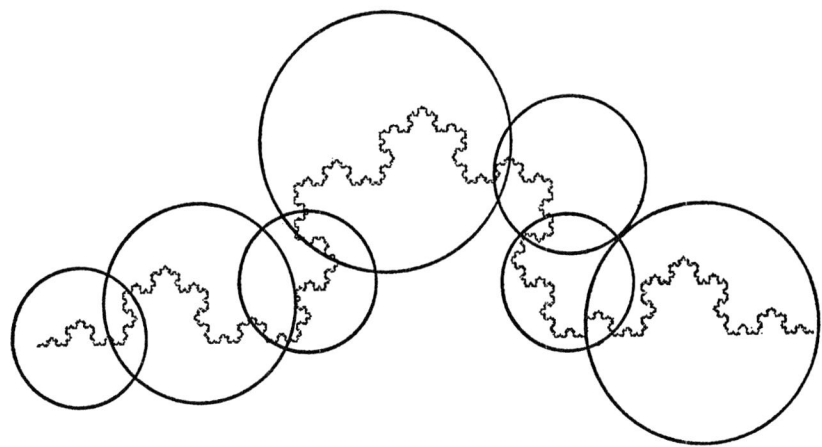

図 1.5　コッホ曲線を円によって被覆する.

ある．ランダムなものも含めた任意の図形に適用できるような次元が必要であるが，それは既に用意されている．その中で，最も代表的なものが，ハウスドルフ次元である．この次元は，相似性ではなく，次のように被覆によって定義される．

ハウスドルフ次元；$D>0$ とする．集合 E を直径が $\varepsilon>0$ よりも小さい可算個の球によって覆う．このとき，各球の直径を $d_1, d_2, \ldots, d_k$ とすると，D 次元ハウスドルフ測度は，

$$M_D(E) \equiv \lim_{\varepsilon \to 0} \inf_{d_k < \varepsilon} \sum_k d_k{}^D \tag{1.3}$$

によって定義される．この量が 0 から無限大に遷移するとき，D を集合 E のハウスドルフ次元と呼び，D_H と表わす．

このような D_H は，勝手に与えられた図形に対し，唯一存在することが示されている．たとえば，ペアノ曲線のハウスドルフ次元は 2 になっており，やはり経験的な面の次元と一致する．数学的な議論は 6.4 節で改めてすることとし，ここでは，この次元の意味を直観的に理解するだけに留めておこう．

まず，図 1.5 のように，考えている図形（集合 E，この図ではコッホ曲線）を，直径がある正の数 ε（図では 1/3）よりも小さな球（円）で覆ってみよう．各円に番号をつけ，それぞれの直径を $d_1, d_2, \ldots, d_k$ とする（図では $k=7$）．このように，与えられた図形をいくつかの球によって近似しておくと，その近似された図形の長さや面積を考えることができる．もし覆い方にほとんどむだ（重複）がなければ，球の直径の和，$d_1+d_2+\cdots +d_k$ をその近似された図形の長さとみなし

てよいだろう．また，円周率×{半径の2乗の和}を近似的な面積とみなすことができることについても異論はないだろう．長さや面積を一般化した概念は，測度と名づけられている．たとえば，1次元測度が長さを，2次元測度が面積を，3次元測度が体積を表わす．球(円)によって近似された図形に関していえば，$d_1+d_2+\cdots\cdots+d_k$ が1次元測度であり，$d_1^2+d_2^2+\cdots\cdots+d_k^2$ が2次元測度に比例する量を表わすわけである．このとき覆い方にむだがないことは，inf(下限をとること)によって自動的に満たされる．直径 d の1次元球(線分)の1次元測度は d^1 に，2次元球(円)の2次元測度は d^2 に，3次元球の3次元測度は d^3 に比例することを一般化すれば，D 次元球の D 次元測度は d^D に比例すると考えてもよかろう．比例定数を省略することにすれば，いま問題となっている図形の D 次元測度は，$d_1^D+d_2^D+\cdots\cdots+d_k^D$ によって与えられるわけである．この形式ならば，D は自然数のみならず実数まで拡張される．被覆する球の上限 ε を0にする極限を考えるということは，近似をどんどん高めていき，与えられた図形固有の測度を求めることを意味している．これで，D 次元ハウスドルフ測度の定義は理解できた．

では，実際にコッホ曲線の場合にどうなっているのかというと，まず，1次元測度は無限大になっている．近似を高めると，どんどん細かな構造が見えてきて，長さが発散してしまうのである．コッホ曲線では，近似の単位長さを1/3にするごとに同じ図形が4個現われる．つまり，被覆する球の直径を1/3にすると，近似された図形の長さが4/3倍に伸びるわけである．球の直径を $(1/3)^n$ にすれば，全体の長さは $(4/3)^n$ 倍になるので，球の直径を0にする極限 $(n\to\infty)$ で長さが無限大になってしまうのである．では，2次元測度はどうかというと，これは0になる．直観的にもコッホ曲線は曲線であるから，その面積が0というのは当然であろう．これで，コッホ曲線のハウスドルフ測度が，$D=1$ では無限大，$D=2$ では0になることがわかったわけであるが，より詳しく数学的に解析していくことにより，$D<\log_3 4$ では無限大，$D>\log_3 4$ では0，そして，$D=\log_3 4$ では有限，になることが確かめられる．したがって，定義より，コッホ曲線のハウスドルフ次元は，$\log_3 4=\log 4/\log 3$ となり，相似性次元と一致する．

もう1つのよく知られている次元の定義としては，次に示す容量次元がある．コルモゴロフ (Kolmogorov, 1903—) によって導入された容量次元は，ハウスドルフ次元と同じように，被覆を基本として定義されている．

容量次元；考えている図形を d 次元ユークリッド空間 $\boldsymbol{R}^d$ 中の有界な集合

とする．半径 ε の d 次元球によってその集合を被覆するとき，$N(\varepsilon)$ を球の個数の最小値とする．容量次元 D_C は，次のように定義される．

$$D_C \equiv \lim_{\varepsilon \to 0} \frac{\log N(\varepsilon)}{\log(1/\varepsilon)} \tag{1.4}$$

この定義はハウスドルフ次元の定義とよく似ている．今度は，まず同じ大きさの d 次元球によって，できるだけむだなく与えられた図形を被覆し，近似する．1 つ1つの球の D 次元測度は ε^D に比例するので，球によって近似された図形の D 次元測度は，$N(\varepsilon) \cdot \varepsilon^D$ にほぼ比例するだろう．このようにして測った D 次元測度も，ε を 0 にする極限では，D がある値 D_C よりも小さいときには無限大で，D_C よりも大きいときには 0，そして $D=D_C$ のときには有限になる．$N(\varepsilon) \cdot \varepsilon^{D_C}$ が $\varepsilon \to 0$ のとき有限になるということは，ε を 0 に近づけていったとき，$N(\varepsilon)$ が ε^{-D_C} に比例するようになる，ということを意味している．したがって，$\varepsilon \fallingdotseq 0$ のとき

$$\log N(\varepsilon) \fallingdotseq -D_C \log \varepsilon = D_C \log(1/\varepsilon) \tag{1.5}$$

が成り立つので，(1.4) 式によって次元が定義されるわけである．ハウスドルフ次元では球の大きさを ε よりも小さい任意のものとしておいたが，それを1つの大きさに限定した特殊な場合が容量次元なのである．D_C は，しばしば D_H と一致するが，異なる値をとることもあり，一般には，

$$D_C \geqq D_H \tag{1.6}$$

なる関係が成立している．

これらの次元の定義は，どちらも数学的に厳密ではある．しかし，広く自然科学に応用するには適さない点もある．たとえば，どちらの定義でも被覆する球の半径を 0 にする極限を考えているが，たとえば，物理学では厳密に長さ 0 の極限を考えることは，不確定性原理* により拒絶されている．そうでなくとも，実験的に測定するには，限界がつきものである．そこで，次元の定義をもう少し実用的なものに改良する必要がある．

フラクタルに関する論文の中で実際に使われている次元の定義にはたくさんの種類がある．それは，すべてのものに対して適用可能な次元の定義がまだみつかっておらず，次元を測る対象となるものによって，適用できるものとそうでないものがあるからである．厳密なことをいえば，定義の異なるものにはすべて別の

---

* ハイゼンベルク (Heisenberg, 1901—1976) が提唱した量子力学の基本的な原理．ある1組の物理量 (たとえば，運動量と位置，エネルギーと時間) を同時に正確に測定することが原理的に不可能であり，両者の誤差の積が，プランク定数 (6.62×10^{-34} J·s) よりも大きいことを示した．長さが 0 のものを考えようとすると，運動量の不確定さが無限大になってしまう．

名前をつけて区別すべきかもしれないが，いまのところ，これらの非整数値を取りうる次元のことをまとめてフラクタル次元と呼んでいるのが現状である．フラクタルという概念は，様々な発展の可能性をもって成長し続けている段階なので，ある程度の曖昧さには目をつむっていただきたい．

　フラクタル次元の実用的な定義の仕方は，次の5つに分類することができる．
　（1）　粗視化の度合を変える方法
　（2）　測度の関係より求める方法
　（3）　相関関数より求める方法
　（4）　分布関数より求める方法
　（5）　スペクトルより求める方法

これらについて説明する前に，共通する注意を述べておく．1つは，上限と下限についてである．実際に存在するものの形，たとえば雲の形，が特徴的な大きさをもたないフラクタルであるといっても，それが成り立つ大きさには，必ず上限と下限がある．地球ぐらいの大きさを基準にすれば，1つの積乱雲は点にすぎないだろうし，顕微鏡レベルの大きさを基準にすれば，雲は小さな水滴の集まりにしか見えず，自己相似的になってはいない．このように，フラクタル次元が定義できる大きさの範囲にも当然，上限と下限があるわけである．この上限と下限は様々な量の発散を抑え込む効果をもっており，大切ではあるが，形式が複雑になり，フラクタルの本質を見逃がしやすくなる危険性があるので，以下ではあまり触れないことにする（6.1節では，このことを話題の中心とする）．もう1つは，（1）から（5）までの次元の定義が同一のものに対して，同一の値を与えるかどうか，という問題である．このことについての一般論はまだなく，1つ1つの事例について調べてみることしかできない．しかし，著しく異なる値を与えるような例はまだないようなので，どの方法を使っても，あまり不自然な結果を与えることはないと考えられている．

（1）　粗視化の度合を変える方法

　ここでは，フラクタル図形を円や球，線分や正方形，立方体といった特徴的な長さをもつ基本的な図形によって近似することを考える．たとえば，図1.6の海岸線のような複雑な曲線を，長さrの線分の集合によって近似することを考える．曲線を線分で近似するには，次のようにすればよい．まず，曲線の一端を始点と

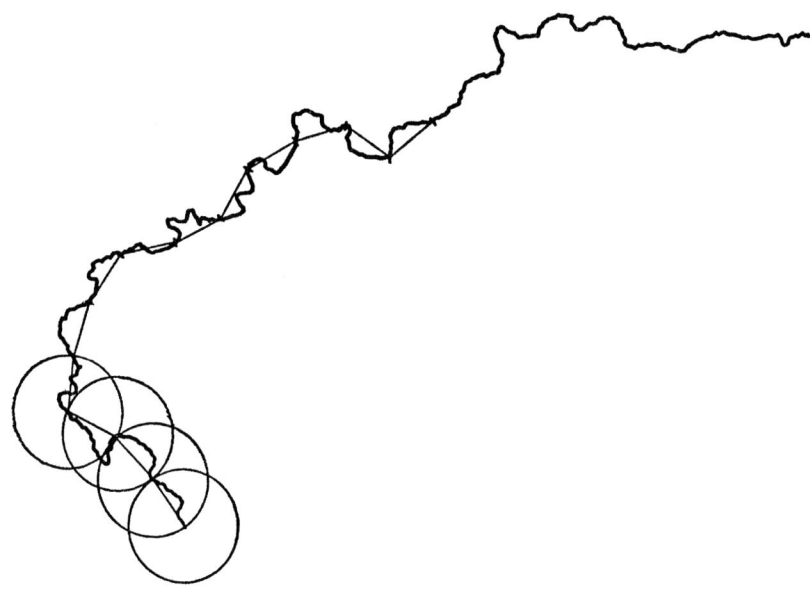

図 1.6 海岸線を折れ線で近似する.

し,その点を中心にして半径 r の円を描く.その円と曲線が最初に交わった点と,始点とを直線で結ぶ.そして,その交点を新たに始点とみなし,以下同じ操作を繰り返す.このようにして長さ r の折れ線によって海岸線を近似するときに必要な線分の総数を $N(r)$ とする.基準となる長さ r を変えれば,当然 $N(r)$ は変化する.もしも,海岸線がまっすぐであるならば,

$$N(r) \propto 1/r = r^{-1} \tag{1.7}$$

なる関係を満たすはずである.しかし,この関係は複雑な形をした海岸線については成立しない.基準の長さ r を小さくすれば,r が大きいときに見逃していた小さな構造が見えてくるので,その分,直線的な場合よりも余計に線分が必要となるからである.コッホ曲線で,このことを確かめてみよう.図 1.2 よりわかるように,$N(1/3) = 4$,$N((1/3)^2) = 4^2$,……,$N((1/3)^n) = 4^n$,という関係を満たしている.すなわち,$(1/3)^{-\log_3 4} = 4$ であるから,

$$N(r) \propto r^{-\log_3 4} \tag{1.8}$$

となっていることがわかる.ここででてきた指数 $\log_3 4$ は,コッホ曲線の相似性次元ともハウスドルフ次元とも一致している.また,(1.7) 式における r の指数,1 も直線の次元に一致している.したがって,一般的に,もしもある曲線について,

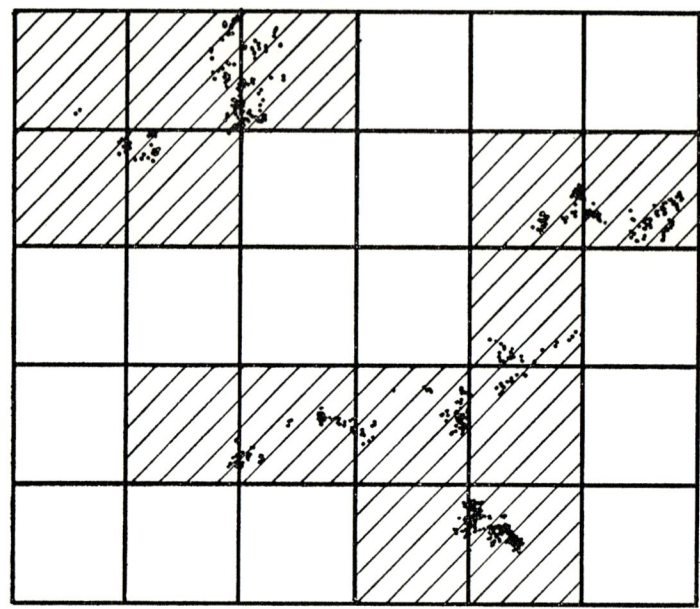

図 1.7 正方形による粗視化
考えている点を含む正方形（斜線）の数を数える．

$$N(r) \propto r^{-D} \tag{1.9}$$

なる関係が成立するときには，D をその曲線のフラクタル次元と呼んでもよいだろう．後で見るように，実際の海岸線やランダムウォークの軌跡のフラクタル次元は，このように測られたものが多い．

似たような方法であるが，曲線でなくとも使え，コンピュータで計算するにも適した方法がある．それは，空間を 1 辺が r の細胞に分割し，考えている形の一部を含むような細胞の数 $N(r)$ を数える方法である．たとえば，平面上の点の分布のフラクタル次元を求めることを考えてみる．まず，平面を間隔 r の格子によって 1 辺が r の正方形に分割する．そして，その平面上において少なくとも 1 つの点を含むような正方形の個数を数え上げ，それを $N(r)$ とするのである（図 1.7 参照）．もしも，r をいろいろ変えたときに，

$$N(r) \propto r^{-D} \tag{1.9'}$$

なる関係を満たす場合には，これらの点の分布は D 次元的であるということになる．直線や平面の場合のように D が整数値をとるときには，経験的な次元と

一致することは明らかであろう．この方法は，点の分布，曲線の形だけに適用されるのではなく，川のようにたくさんの分岐を含む図形の解析などにも適用のできる一般性の高い方法である．

この方法をさらに拡張したような次元として，情報量次元と呼ばれている量がある．これは，確率的な点の分布に対して有効である．空間を，前と同じように，1辺がrの細胞に分割し，i番目の細胞に点が入る確率を$P_i(r)$とする．これは，空間を長さrで粗視化して観測することに相当する．このとき，全情報量* $I(r)$は，次式によって与えられる．

$$I(r) \equiv -\sum_i P_i(r) \cdot \log P_i(r) \tag{1.10}$$

ただし，

$$\sum_i P_i(r) = 1$$

もしも，rを変えたときに，

$$I(r) = I_0 - D_I \log r \tag{1.11}$$

という変化をするとき，D_Iをこの分布の情報量次元と呼ぶ．この定義の意味は，一見わかりにくいかもしれないが，D_Iが整数値をとる場合には，経験的な次元と一致することは，容易に確かめられる．たとえば，点がd次元空間を一様に埋めるように分布している場合を考えてみる．$P_i(r)$は細胞の大きさに比例するので，$P_i(r) = P_0 \cdot r^d$とおける．これを (1.10) 式と (1.11) 式に代入することにより，$D_I = d$ となることがわかる．観測を細かくすれば，当然より多くの情報量が得られるようになるが，その増え方から次元を定義しようというわけである．

(1.9′) 式によって定まる次元 D と，情報量次元 D_I は，どちらも点の分布に対する次元を与えているが，一般に両者の間には次の不等式が成立する．

$$D \geq D_I \tag{1.12}$$

(1.9′) 式では，1つの細胞内に点が1つしかなくても，またたくさんあっても，同じ扱いとしているのに対し，(1.11) 式の方では，各点を同じ重みで処理している．このため，(1.9′) 式の方が，(1.11) 式に比べ，粗視化して構造が複雑に見えることを上の不等式は示している．

---

* 情報量という概念は，シャノン (Shannon, 1916—) によって確立された．たとえば N 個の独立な状態をとる確率が，$P_1, P_2, \ldots, P_N (\sum P_i = 1)$ と与えられたとき，その系全体の もつ情報量は，$-\sum P_i \log P_i$ によって与えられる．この量は，エントロピーとも呼ばれている．たとえば，サイコロのもつ情報量は，$-6 \cdot \frac{1}{6} \log \frac{1}{6} = \log 6$ となる．

(2) 測度の関係より求める方法

この方法は，フラクタルが非整数次元の測度をもつことを利用して，次元を定義する．

立方体の1辺の長さを2倍にすると，2次元測度である表面積は，2^2倍になり，3次元測度である体積は2^3倍になる．したがって，もし単位長さを2倍にしたときに，2^D倍になるような量があったとすれば，その量はD次元的であるといってもよいだろう．

再びコッホ曲線を例にとって考えてみる．この場合に非整数次元の測度をもつ量は，曲線の長さである．実際コッホ曲線を3倍に拡大したとき，曲線の長さは元の$4=3^{\log_3 4}$倍になる．つまり，この曲線の長さは，$\log_3 4$次元の特性をもっているわけである．

一般に，長さをL，面積をS，体積をVとしたとき，次の関係式が成り立っている．

$$L \propto S^{1/2} \propto V^{1/3} \qquad (1.13)$$

この関係式の意味は，Lをk倍にすると$S^{1/2}$も$V^{1/3}$もk倍になるということである．D次元測度をもつ量をXとすると，(1.13)式は次のように一般化できる．

$$L \propto S^{1/2} \propto V^{1/3} \propto X^{1/D} \qquad (1.13')$$

この関係式より次元を決めるには，たとえば次のようにする．いま，島の海岸線のフラクタル次元を測ることを考える．島の面積をS，海岸線の長さをXとする．島の面積は明らかに2次元測度をもつ量なので，$S^{1/2} \propto X^{1/D}$によって，海岸線のフラクタル次元Dを求めるわけである．Xの次元が未知であるという立場をとるので，少々の工夫を必要とする．一番便利でよく用いられる方法は，空間を量子化し，面積Sも，長さXも自然数にしてしまう方法である．

まず，考えている平面をできるだけ細かい格子によって，小さな正方形の集合に分割する．次にそれらの正方形のうち，少しでも島を含むものを黒くぬる（図1.8）．黒い正方形の個数をS_Nとし，白い正方形と接している黒い正方形の個数をX_Nとする．単位正方形の大きさが十分小さければ，$S \propto S_N$, $X \propto X_N$が成り立つと考えてもよいであろう．たくさんの面積の異なる島に対してS_NとX_Nを同じ方法で求め，

$$S_N^{1/2} \propto X_N^{1/D} \qquad (1.14)$$

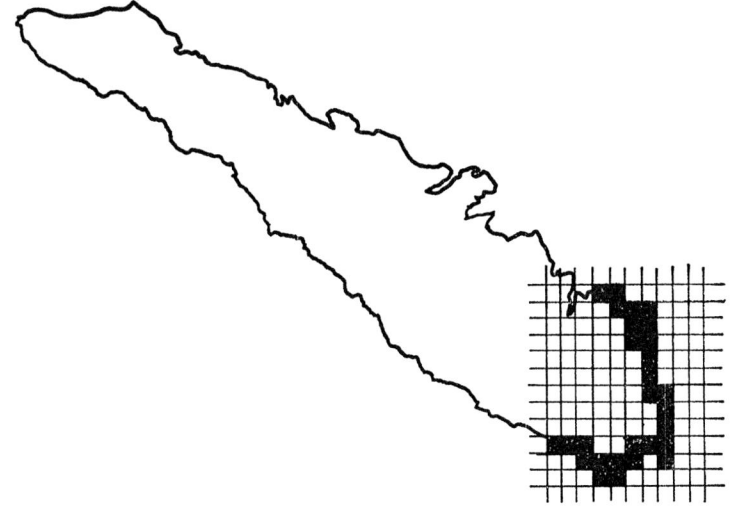

図 1.8 島の形を，できるだけ小さな正方形で粗視化する．

となるような関係を満たす D が存在すれば，海岸線のフラクタル次元は D であるということになる．ここで単位の正方形の大きさが小さければ小さいほど，誤差は少なくなる．粗視化による方法と一番異なる点は，単位の正方形の大きさを変えずに，できるだけ小さく固定しておくことである．

同じ問題を面積と海岸線の長さではなく，海岸線の長さと，その直線距離 L とで考えることもできる．大きな海岸線の一部分を考えたとき，その海岸線の両端の直線距離 L と海岸線の長さ X_N との関係を調べるのである．調べる海岸線の部分の大きさをいろいろ変えて，たくさんの L と X_N との組合せを得たときに，L と X_N との間に，

$$L \propto X_N^{1/D} \tag{1.15}$$

という関係式が成り立っていれば，この D もやはり海岸線のフラクタル次元を与えることになる．

空間に分布している点の集合，たとえば宇宙の星の分布に対しても，似たような考え方でフラクタル次元を定義することができる．

ある点を中心として，半径 r の球を考える．この球の内部に含まれる点の総数を $M(r)$ とする（図 1.9）．もしも，点の分布が直線点であるならば，$M(r) \propto r^1$ となるであろう．また，もしも点の分布が平面的であるならば，$M(r) \propto r^2$ とな

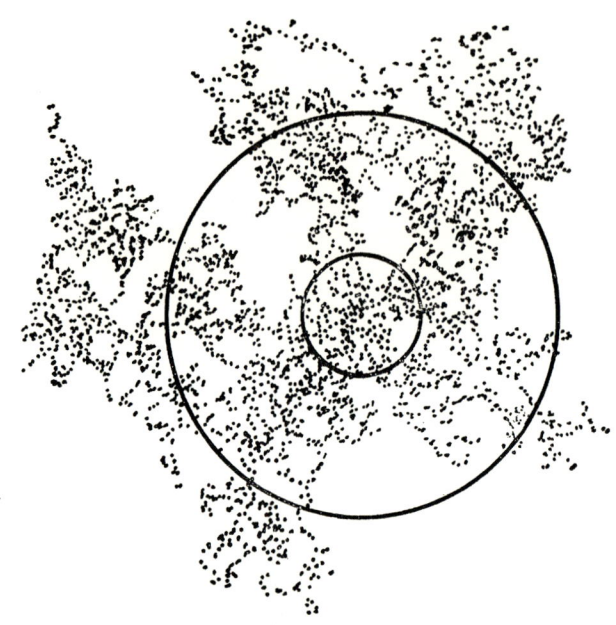

図 1.9 半径 r の球の内部の点の個数を数える.

り，3次元空間を一様に点が分布していれば，$M(r) \propto r^3$ となるはずである．したがって，これを一般化し，

$$M(r) \propto r^D \tag{1.16}$$

という関係を満たすような場合には，点の分布のフラクタル次元は D であるといってもよいだろう．ここででてきた $M(r)$ は，必ずしも点の個数でなくともかまわない．たとえば，宇宙の質量分布のフラクタル次元を求めようとするときには，$M(r)$ を半径 r の球内の総質量としてもよい．

実際にこの方法によって点の集合のフラクタル次元を求めようとするとき，1つの問題が生じる．それは，どこを球の中心にすればよいのか，ということである．上手に中心を選ばないと，きれいに (1.16) 式のような関係が出てこないことが多いからである．いくつか中心を変えて測定し平均をとる，というのもよい方法であるが，一番てっとり早いのは，点の分布の重心を球の中心にする方法である．もしも，点の分布がフラクタルになっているならば，この方法によって (1.16) 式の関係を見出すことができるであろう．

(3) 相関関数より求める方法

相関関数は,最も基本的な統計量の1つであるが,その関数型からフラクタル次元を求めることもできる.

空間的にランダムに分布しているある量の座標 $\vec{x}$ における密度を $\rho(\vec{x})$ とすると,相関関数 $C(\vec{r})$ は次式によって定義される.

$$C(\vec{r}) \equiv \langle \rho(\vec{x})\rho(\vec{x}+\vec{r}) \rangle \qquad (1.17)$$

ここで,$\langle \cdots \rangle$ は平均を表わす.平均は,場合に応じてアンサンブル平均でも,空間平均でもよい.分布が一様で等方的な場合には,相関関数は2点間の距離 $r = |\vec{r}|$ だけの関数として表わせる.

普通,相関関数 $C(r)$ の関数型としては,指数型 e^{-r/r_0} やガウス型 $e^{-r^2/2r_0^2}$ をモデルとして考えることが多いが,それらはフラクタルにはならない.というのは,どちらも特徴的な距離 r_0 があるからである.$0 < r < r_0$ における相関の落ち方に比べると,$r_0 \ll r$ における相関の落ち方はずっと急激である.つまり,距離が r_0 よりも近い2点は,お互いに強く影響を及ぼし合っているが,r_0 よりも遠く離れた2点は,お互いにほとんど無関係になっているということである.

それに対し,分布がフラクタルになっているときには,相関関数はベキの型になる.ベキの型であれば特徴的な長さは存在せず,相関の落ち方もいつも同じ割合である.たとえば,

$$C(r) \propto r^{-\alpha} \qquad (1.18)$$

となっていたとすれば,距離が2倍離れれば相関は $1/2^\alpha$ 倍になるが,この関係は距離が大きくても小さくてもいつでも成り立つわけである.このベキの指数 α とフラクタル次元 D との関係は,次のようになっている.

$$\alpha = d - D \qquad (1.19)$$

ここで,d は空間の次元である.この式を確認するため,前節で述べたような質量の分布を考えてみよう.いま,質量が空間的に D 次元のフラクタル分布になっている場合を考え,ある点から半径 r 以内の総質量 $M(r)$ が r^D に比例している場合を考える.半径 r と $r+\Delta r$ の間に挟まれた球殻内の質量は,$r^{D-1} \cdot \Delta r$ に比例している.一方,その球殻の体積は $r^{d-1} \cdot \Delta r$ に比例しているから,その密度は $\rho(r) \propto r^{D-1}/r^{d-1} = r^{D-d}$ となる.したがって,

$$C(r) \equiv \langle \rho(0)\rho(r) \rangle \propto r^{D-d} \qquad (1.20)$$

となる.

相関関数をフーリエ変換したスペクトル $F(k)$ は，$0<d-D<1$ の場合，次のようなベキの型になる．

$$F(k) = 4\int_0^\infty dr \cos(2\pi kr) \cdot C(r) \propto k^{d-D-1} \quad (1.21)$$

これを利用すれば，スペクトル $F(k)$ が (1.21) 式のようなベキの型になっている場合には，そのベキの指数から逆にフラクタル次元 D を求めることもできるわけである．

(4) 分布関数より求める方法

月面の写真には，大小様々なクレーターが写っているが，ただ写真を見ているだけでは，縮尺はまったくわからない．そこに写っているクレーターの直径は 100 km であるといわれれば，随分と大きいなあと感じ，また，もし 50 cm であるといわれれば，そんなに小さいのかと思う程度で，とくに不自然な感じは抱かない．クレーターの大きさの分布にも，特徴的な長さというものはないのである．このような大きさの分布を考えるときには，その分布関数の型からフラクタル次元を求めることができる．

クレーターの直径を r とし，また直径が r よりも大きいクレーターの存在確率を $P(r)$ とする．直径の分布の確率密度を $p(r)$ とすれば，

$$P(r) = \int_r^\infty p(s)ds \quad (1.22)$$

という関係を満たしている．写真や図の縮尺を変えるということは，$r \to \lambda r$ という変換をすることに対応する．したがって，縮尺を変えても分布型が変わらないためには，任意の $\lambda > 0$ に対して，

$$P(r) \propto P(\lambda r) \quad (1.23)$$

という関係が成立しなければならない．(1.23) 式を常に満たすような r の関数型は，次のようなベキの型に限られている．

$$P(r) \propto r^{-D} \quad (1.24)$$

ここで現われるベキの指数 D が分布のフラクタル次元を与えることは，次のように考えれば理解されるだろう．粗視化によって，大きさ r 以下のものが見えなくなっている場合を考えると，見えているものの数は $P(r)$ に比例しているだろう．粗視化の度合を変えて，大きさ $2r$ 以下のものが見えなくなったときには，見えているものの数は $P(2r)$ に比例し，その数は大きさ r で粗視化した場合の

2^{-D} 倍になっている．一般に，大きさ r で粗視化したとき見えているものの個数を $N(r)$ とすれば，$N(r)$ は $P(r)$ に比例するので，ここに現われる D が，粗視化によるフラクタル次元の定義 (1.9′) と一致するのである．

(1.24) 式において注意しなければならないのは，$r \to 0$ で $P(r)$ が発散することである．この困難を回避するには，2つの立場がありうる．1つは，r に関する下限を設定し，$P(0)=1$ となるように規格化する立場である．もう1つは，とくに下限を設定せず，その代りに，$P(r)$ を単独で用いずに上の議論のように，2つ以上の $P(r)$ の比を考える立場である．下限を導入しないと不安が残るかもしれないが，実際上，後者の立場をとってもとくに不都合は生じない．

社会科学の分野で知られているジップの法則は，フラクタルと密接な関係がある．ジップの法則というのは，たとえば，日本の都市を人口の順位に従って番号づけしたとき，人口とその番号の積がほぼ一定の値になる，というような例に見られるように，あるかたまりの分布を考えたときに，k 番目に大きいかたまりの量が，k^{-1} に比例する，という法則である．この法則は，都市の大きさだけでなく，国別輸入額や単語の頻度など，いろいろな分野で成り立つことが知られている（2.5 節 e 参照）．このような分布は，(1.24) 式の分布の特殊な場合として理解することができる．(1.24) 式の型の分布を仮定すると，かたまりの大きさ r とその順位 k には，次のような関係が成り立つ．

$$r \propto k^{-1/D} \tag{1.25}$$

なぜなら，大きさ r のものの順位が k 番目であるということは，r よりも大きなものが（自分を含めて）k 個ある，ということに他ならないからである．(1.25) 式より，社会科学でよく使われる，大きさの対数を縦軸に，そして順位の対数を横軸にとるようなグラフ上に点をプロットする方法をとれば，そのグラフの傾きが $1/D$ を表わすことになる．ただし，このとき，大きさとして1次元測度（長さ）を考えた場合以外は，この D を次元と呼ぶのは適切とはいいがたい．単に，分布を特徴づけるパラメータとみなすべきであろう．なお，これらの分布は，5.2 節で述べる安定分布と非常に関連が深い．

(5) スペクトルより求める方法

時間的または空間的にランダムな変量の統計的な性質を観測によって調べるとき，変動を波数で分解したスペクトル* は比較的簡単に得られることが多い．変

動を電気信号に変換しておけば，後はフィルタを通すだけで，パワースペクトル $S(f)$ に比例した量が得られるからである．ある変動がフラクタルかどうか，また，フラクタルならばそのフラクタル次元はいくつか，という問題はスペクトルを調べることによっても明らかにできる．

観測の粗視化の度合を変えるということは，スペクトルの立場から見れば，カットオフ周波数 f_c を変えることになる．ここで，カットオフ周波数というのは，それよりも細かい振動成分を切り捨てる限界のことである．したがって，ある変動がフラクタルであるということは，カットオフ周波数 f_c を変えてもスペクトルの形が変わらない，ということである．このことは，スペクトルの形が観測の尺度を変える変換 $f \to \lambda f$ に対して不変であることと同値であり，そのような性質をもつスペクトル $S(f)$ は，次のようなベキの型に限られる．

$$S(f) \propto f^{-\beta} \tag{1.26}$$

スペクトルがこのようなベキの型になっているとき，そのベキの指数 β とフラクタル次元の関係については，以下のようなことが知られている．たとえば，時間の関数としてみた，ある電気回路の電圧 $V(t)$ の雑音による変動のグラフを考えてみる．この変動のスペクトルが (1.26) 式のようになっているとき，曲線のグラフのフラクタル次元を D とすると，

$$\beta = 5 - 2D \tag{1.27}$$

という関係が成り立っている（ただし，$1 < D < 2$．この関係については，5.4 節で改めて説明を加えることにする）．たとえば，電気回路だけでなく，種々なところで普遍的に観測されている $1/f$ 雑音は，$\beta \fallingdotseq 1$ の場合であり，そのフラクタル次元は $D \fallingdotseq 2$，つまり，グラフはほぼ 2 次元的な面を埋めつくすような曲線となっていることがわかる．

地形や固体の表面などの曲面を考える場合には，次のように拡張される．曲面をある平面で切ったときの断面のグラフのスペクトルを $S(f)$ とする．たとえば，地形の場合ならば，2 点間を直線で結び，その線に沿った高低の変動のスペクトルを $S(f)$ とすると，地表のフラクタル次元 $D (2 < D < 3)$ は，次の関係を満たす．

---

* たとえばランダムな時間的変動 $x(t)$ が与えられたとき，振動数 f に対するスペクトル $S(f)$ は，そのフーリエ成分 $\hat{x}(f) \equiv \int e^{ift} x(t) dt$ によって，次のように定義される．
$$S(f) \equiv |\hat{x}(f)|^2$$
変動が定常的ならば，$S(f)$ は相関関数のフーリエ変換に一致する．

$$\beta = 7 - 2D \tag{1.28}$$

これは，曲面の変動が等方的であるならば，曲面のフラクタル次元は，断面のフラクタル次元に1を加えるだけでよいからである．

ここで注意しておかなければならないのは，(3) 相関関数より求める方法，のところででてきたスペクトル $F(k)$，(1.21) 式との関係である．$F(k)$ と $S(f)$ は，ともに相関関数をフーリエ変換したスペクトルでありながら，フラクタル次元 D に関して異なる型になっていることは，混乱を招くかもしれない．同じ記号 D を使っているが，$F(k)$ における D はある物質の空間的な分布の次元を表わし，$S(f)$ の D はグラフの曲線の次元，または曲面の次元を表わしていることに注意してほしい．両者は，もともと異なる量を扱っているのであり，$F(k)$ と $S(k)$ の相違は，何ら矛盾を含むものではない．

1.4 基本的なフラクタル

ここでは，コッホ曲線以外の基本的なフラクタルをいくつか紹介しよう．

a. カントール集合と悪魔の階段

カントール集合は，コッホ曲線と同じように，フラクタルの紹介の中には必ず顔を出す典型的なフラクタルであり，しかも応用範囲は大変広い．

線分 $[0,1]$ を3等分し，真中の部分 $[1/3, 2/3]$ を消去する．残った線分 $[0, 1/3]$，$[2/3, 1]$ を各々3等分し，真中の部分 $[1/9, 2/9]$，$[7/9, 8/9]$ を消去する．さらに，残った線分を各々3等分し，真中の部分を消去する．……この操作を無限回繰り返した極限において残った点の集合を，カントール集合という（図 1.10 を見よ）．区間 $[0,1]$ にある点のうち，3進数表示したときに，0と2だけしかでてこないような点の集合，といい換えることもできる．数学的な表現をすれば，この集合は，いたるところ稠密でなく，かつ完全*である．すなわち，$[0,1]$

図 1.10 カントール集合

内のどんな区間を見ても，この集合の点を含まない有限の区間があり，かつ，この集合の極限点はすべてこの集合に属している．この集合のフラクタル次元 D が，

$$D=\frac{\log 2}{\log 3}=0.6309\cdots \qquad (1.29)$$

となることは，上記の操作から明らかであろう（ハウスドルフ次元が厳密にこの値に一致することを，6.4節で証明する）．

区間 $[0,1]$ に一様に分布していた，ある密度1である物質が，区間 $[0,1/3]$ と $[2/3,1]$ に収縮して集まったとする．この物質の質量は不変であるとしておくと，密度は，区間 $[0,1/3]$ と $[2/3,1]$ では3/2，区間 $[1/3,2/3]$ では0になる．さらにこの物質が収縮し，区間 $[0,1/9]$，$[2/9,1/3]$，$[2/3,7/9]$，$[8/9,1]$ に集まったとすれば，これらの区間上での密度は $(3/2)^2$，その他の点では0になる．この収縮過程が無限に続いた極限における密度分布を表わす関数を $c(x)$ とする．$c(x)$ は，カントール集合上では無限大，その他の点では0である．悪魔の階段と呼ばれている関数 $d(x)$ は，$c(x)$ の積分として定義される図1.11のような関数である．

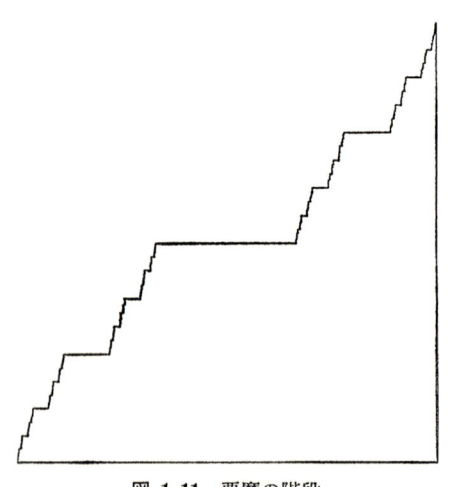

$$d(x)=\int_0^x c(s)\mathrm{d}s \qquad (1.30)$$

図 1.11 悪魔の階段

この関数は，見てもわかるように，ほとんどいたるところで，微分が0になっている．名前のごとく，階段状になっているのである．このような奇妙な関数を考えることに意味があるのか，という疑問をもたれる方もいるかもしれないが，あとの章で見るように，このような関数が物理学ではいろいろと使われており，また，実験によって観測もされているのである．

---

* ある集合 A とその集合の集積点の集合が一致するとき，A を完全であるという．集積点とは，その点の任意の近傍に別の点が存在するような点のことなので，完全な集合には孤立した点が存在せず，どの点のまわりにも無限個の点がまとわりついている．（前頁脚注）

図 1.12　シルピンスキーのギャスケット

b. シルピンスキーのギャスケット

　これは，カントール集合を2次元に拡張したようなフラクタルで，3角形のまん中をくりぬく操作を繰り返すことによって作られる．言葉で説明するよりも，図1.12を見ていただいた方が，直観的に理解しやすいと思う．この図の相似性からも予想されるように，フラクタル次元は，

$$D = \frac{\log 3}{\log 2} \fallingdotseq 1.585\cdots \tag{1.31}$$

という値になっている．このような模型も統計力学などの問題と結びつき，理論的な研究の対象となってきている．なお，ギャスケット (gasket) とは，詰め物という意味の言葉である．

c. ド・ウィースのフラクタル

　ド・ウィース (De Wijs) は岩石中の鉱物の分布を研究していて，その分布が次のようなモデルによって，よく近似されることを発見した[1]．

　　「ひとつの岩石に含まれるある鉱物の総量を M とする．この岩石を2等分したとき，各々の岩石には，αM と $(1-\alpha)M$ ずつの鉱物が含まれる．さらに，各々の岩石を2等分し，4つの破片に分けたとき，各々の岩石には，$\alpha^2 M$, $\alpha(1-\alpha)M$, $(1-\alpha)\alpha M$, $(1-\alpha)^2 M$ ずつの鉱物が含まれる．ここで，比率 α が 0.5 ならば，鉱物の分布は一様であるが，実際には 0.5 で

はなく，しかも分割するステップに依存しない一定の値となる（図 1.13）.」

このような分布の極限を，ド・ウィースのフラクタルと呼ぶ．フラクタル次元は，

$$D = -\{\alpha \log_2 \alpha + (1-\alpha) \log_2 (1-\alpha)\} \quad (1.32)$$

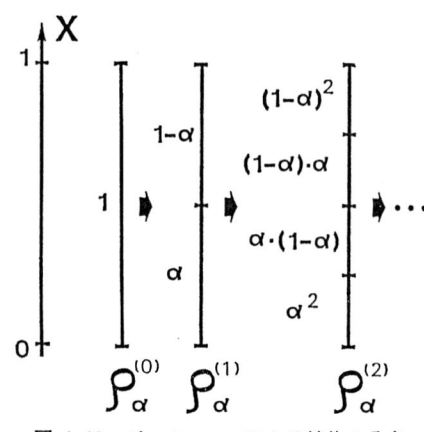

図 1.13 ド・ウィースによる鉱物の分布のモデル

によって与えられる．この結果は，情報量次元（1.11）式を利用すると理解しやすい．$\alpha = 0.5$ のとき，$D=1$ であり，その他の場合には $D<1$ で，とくに $\alpha = 1$ または 0 のときには $D=0$ となる．ド・ウィースのフラクタルは，カントール集合と似ているが，異なる点は $D \neq 0$ である限り，任意の有限区間の積分が有限値をとることと，分布に強いかたよりがあることである．D が 0 に近いほど，分布の局在化は顕著になり，全量の大部分が一点に集中しているように見えるのである．しかし，単純に一点にすべてが集中している分布とは異なり，2つずつの破片に分解していったとき，どの破片の中に含まれる量も 0 ではない．そして各々の破片の中では，また，大部分が一点に集中しているのである．ある鉱物，たとえば金，はどこの岩石にも，ほんのわずかかもしれないが，必ず含まれている．しかし，全世界の金のうちの大部分はある特定の地域に集中し，さらに，その地域の中でもとくに金の密度が高い場所は狭い領域に限られている．この性質がフラクタル次元によって，定量的に表わされるのである．

このド・ウィースのフラクタルを $c(x)$ としたとき，その積分 $d(x)$（(1.30) 式）は，どんな関数になっているだろう．図 1.14 がその答えである．これも，図 1.11 の悪魔の階段のように，非常に奇妙な関数である．この関数は，連続でほとんどいたるところで微分ができ，その値は 0 になっている．にもかかわらず，任意の区間で狭義単調増加している（本当に増えている）のである．微分は関数の変化の度合を表わす量であるから，それが 0 ということは，関数値が一定であることを意味しそうであるが，必ずしもそうとは限らないのである．この奇妙な関数は，ルベーグの特異関数と呼ばれている．非常に例外的な数学上の産物

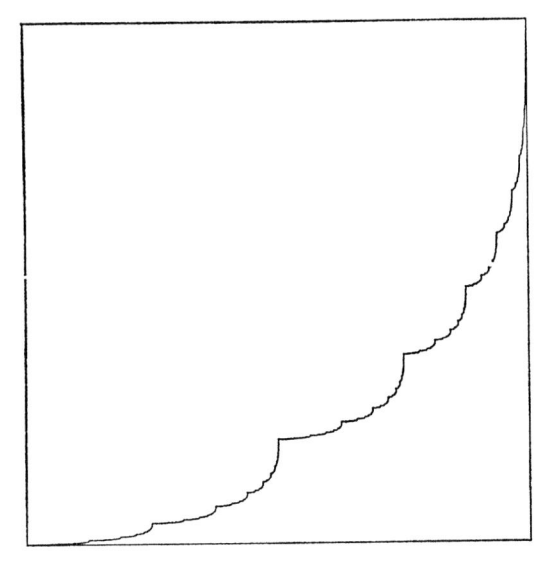

図 1.14 ルベーグの特異関数

のように思われるかもしれないが、そうでもない。我々の感じる時間の流れが、実は、感覚的にはこの関数にぴったりなのである。横軸を時間とし、区間 $[0, 1]$ を、ある人の一生とする。一日一日は何の変化もなく（微分=0）、同じことの繰返しのように（自己相似性）過ぎていく。ところが、ふと、何年か前の写真などを見てみると、自分の変化に気づく（有限区間では増加）。知らない間に人生の階段を、確実に登っているのである。そして、年をとるにつれて、その登る速さは速くなり（右の方ほどグラフの変化が大きい）、まだまだ、と思っていても、時は容赦なく流れてしまう。

d. レビのダスト

これまでは規則的なフラクタルばかりを紹介してきたが、もちろん、ランダムなモデルもある。宇宙の星の分布のモデルとして考え出されたのが、レビのダストと呼ばれているランダムな点の分布である。図1.15は、パソコンによって作られたレビのダストの例であるが、なんとなく渦巻き星雲を彷彿させる。これは、次のような操作によって描かれている。方向はまったくランダムで、歩幅 r の分布が (1.24) 式のようなベキの型で与えられるようなランダムウォークを考

30   1. フラクタルとは何か？

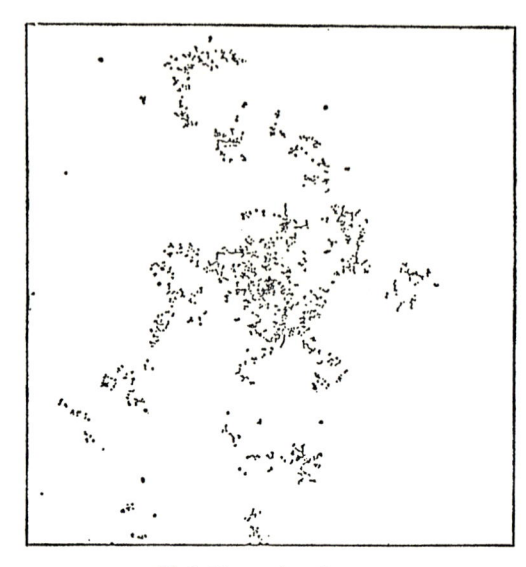

図 1.15 レビのダスト
星の分布のモデル

える．止まった点を順次プロットしていったものが，レビのダストである（プログラム例については，3.7節を見よ）．r の分布のベキの指数 D が，点の空間的分布のフラクタル次元に一致することは，たとえば，粗視化の度合を変える方法によって確かめられる．図1.15だけではわかりにくいかもしれないが，各点は大きなかたまりや小さなかたまりを形作りながら分布していることがわかる．宇宙の星が，惑星系，銀河系，銀河団そして超銀河団など，いろいろな大きさのかたまりになって分布していることとの類似性は，非常に興味深い．

---tea time---

ミクロとマクロ

宇宙の半径は 150 億光年程度であるといわれている．約 10^{26} m である．また，素粒子の大きさは，およそ 10^{-15} m である．人間に多少なりとも係わりをもつ現象は，すべてこの約 40 桁の範囲の中に入っている．いろいろな物の大きさを 10 のベキで書いてみると，次のようになる．原子 10^{-10} m，細胞 10^{-4} m，人間 10^0 m，地球 10^7 m，太陽系 10^{13} m，銀河系 10^{21} m．

人間の身長は宇宙の大きさに比べれば，はるかに小さいが，それでは，人間の体に含まれるすべての原子を一直線に並べたらどれぐらいの長さになるであろうか？ ひとりの人間の体を構成している原子の数は，およそ 10^{26} 個である．したがって，もし 1 m 間隔で原子を並べたとすれば，なんと宇宙の大きさ程度になってしまう．原子をじゅずつなぎに並べたとしても，10^{16} m 程度になり，地球の 10 億倍，およそ 1 光年にもなる．そして，地球上のすべての人間の原子を全部並べると，ふたたび宇宙の大きさ程度になる．人間の大きさは，見かけは小さいが，体の中には，まさに天文学的な数の原子が存在しているのである．

また，スプーン一杯の水の中にある原子の数は，およそ 10^{23} 個であるが，これは，全宇宙に存在する恒星の数にほぼ等しい．原子を恒星にみたてれば，スプーンの中に宇宙がすっぽりと入ってしまうのである．

ミクロの世界とマクロの世界．そこには興味深い類似性が無数に潜んでいるように思えるのだが….

2. 自然界のフラクタル

　この章では，自然界に存在するフラクタルの紹介をする．ただし，ここでは自然界の意味を拡大して考え，人間が実験などによって人工的に作った物も含めることにする．自然界でないものは何かといえば，それは第3章で紹介するコンピュータの作るフラクタルと，第4章で紹介する理論的なフラクタルである．数値的に作られたものでなく，とにかく実際に存在するものをここでは扱うことにする．

　内容は大きく分けると，地学関係，生物関係，宇宙関係，物理化学関係，そして，その他の話題に分けられる．自然科学全般，さらに社会科学の方面で，フラクタルの概念がどのように使われているかを知ってもらうのが本章の目的である．

2.1 地学関係

a. 地形

　海岸線の形がフラクタルであることは第1章でも触れたが，ここでは実際のデータを紹介しよう．図2.1はものさしの長さをいろいろ変えて測った海岸線の長さを，log–log でプロットしたものである．どの海岸に対しても，点はほぼ一直線上に並んでいることがわかる．海岸線の長さは，ものさしの長さ r とものさしをあてた回数 $N(r)$ の積であるから，(1.9) 式を使えば，グラフの直線の傾き a と海岸線のフラクタル次元 D は，次の関係によって結ばれていることがわかる．

$$a = 1 - D \qquad (2.1)$$

つまり，このグラフ上で点が直線的に並ぶことが，海岸線がフラクタルであるこ

とを示しているのである．D の値は海岸ごとに多少異なった値をとるが，だいたい $1<D<1.3$ の範囲に入る．リアス式海岸のように複雑な海岸ほど，D が大きな値をとることはいうまでもないだろう．

海岸線のデータがあまりきれいに直線上にのるので，別にフラクタル曲線でなくとも，log-log プロットをすると直線的に点が並ぶのではないかと疑う方もいるかもしれないが，図 2.1 の円に対するプロットを見ていただきたい．プロットされた点の分布は，特徴的な長さである半径の長さあたりで明らかに曲がっており，とても直線上にのっているとはいえない．円に限らず，特徴的な長さをもつ図形に対しては，log-log プロットで直線的に点が並ぶことはないのである．

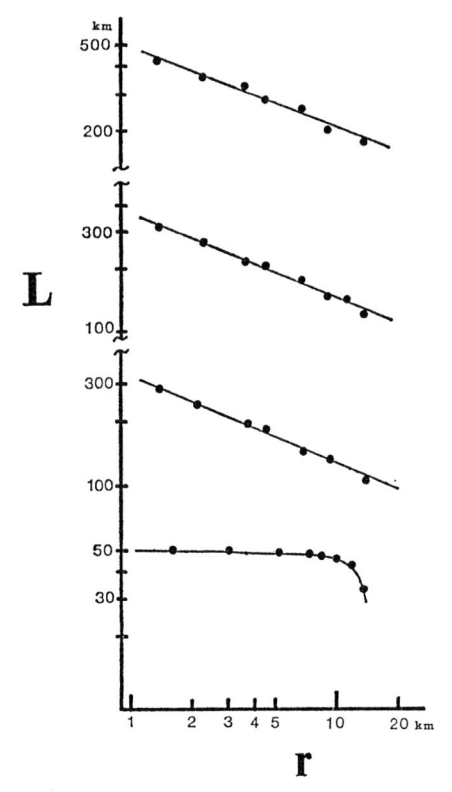

図 2.1 ものさしの長さ (r) と，その長さを単位に測った海岸線の長さ (L) の関係．上から，三陸海岸，志摩半島，四国西岸，半径 8 km の円

山や谷などの地表の凹凸もフラクタルである．『フラクタル幾何学』[1] を見れば，人工的に作ったフラクタル曲面がいかに現実の地形と似ているかがわかっていただけるはずである．海岸線は，地表の凹凸を一定の高さで水平に切った断面上の線であるから，海岸線の次元を D とすれば，地表の凹凸の次元は $D+1$ となることが予想される（6.4 節参照）．

山などよりもずっと小さな地表の凹凸もフラクタルになっている．『ゆらぎの世界』[2] には，路面の凹凸のパワースペクトルが $f^{-2.5}$ 型になっているという話が載っている．前の章の (1.28) 式によれば，これは路面がフラクタル曲面であり，その次元が 2.25 であることを意味していることになる．この値は，上の推定から判断しても妥当な値といえるだろう．

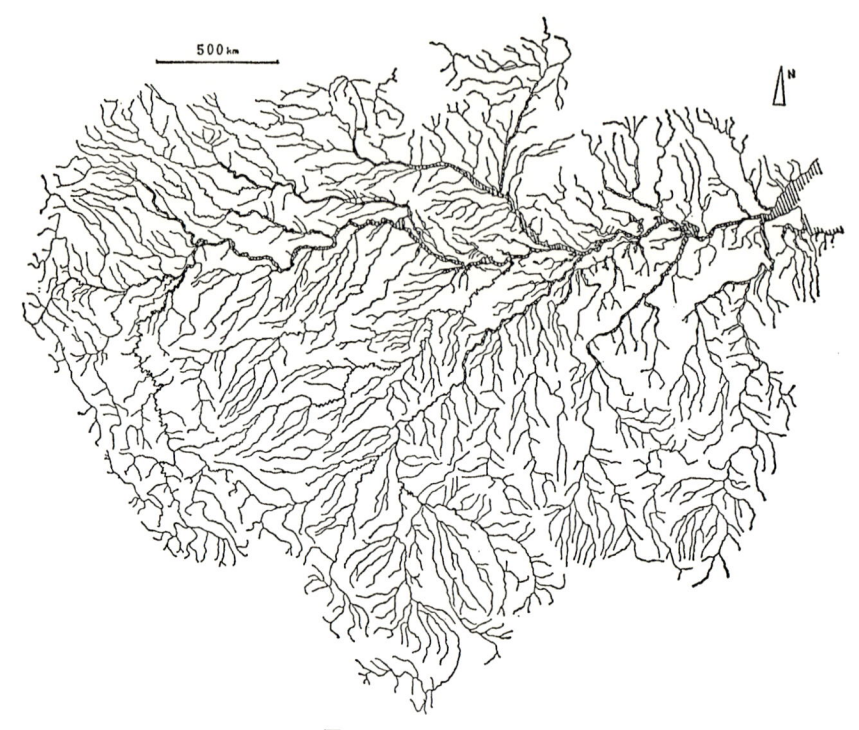

図 2.2　アマゾン川の形

b.　川

　川もまた典型的なフラクタルである．蛇行や分岐の様子は，全体を見ても支流を見てもあまり変わらないからである．

　河川地形学の分野では，ハック (Hack) の法則という有名な経験的法則がある．それは，本流の長さ L_m(km) とその地点までの流域面積 A(km) との間に，次の関係式が成り立つというものである[3]．

$$L_m = 1.89 A^{0.6} \tag{2.2}$$

A の指数が 0.5 でないことは，本流がフラクタル曲線になっていることの裏づけとなる．この式は

$$A^{1/2} \propto L_m^{1/1.2} \tag{2.3}$$

と書き換えることができるので，(1.14) 式より，川の本流のフラクタル次元は 1.2 であることがわかるのである．

　川のフラクタル次元は，名古屋大学のフラクタル研究会によって詳しく調べら

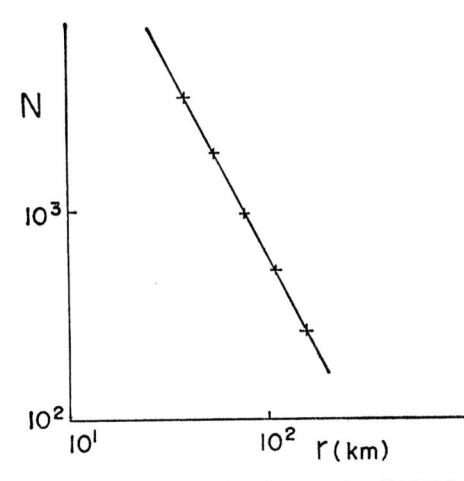

図 2.3 粗視化の度合を変えたときの被覆正方形の個数（アマゾン川）[5]

れている．それによると，日本や世界のいろいろな川の本流のフラクタル次元は，粗視化の度合を変える方法（1.9′）式によって測ってみても，1.1～1.3程度になっており，上記の値とほぼ一致した結果を与えている[4]．

本流だけでなく，分岐を含めた川全体の次元はどうなっているだろうか？　地図から川だけをトレーシングペーパーに写しとり，粗視化の度合を変える方法によって次元を測った例がある[5]．図2.2が写しとった川（アマゾン川）の例であり，この図形に対して粗視化の度合 r と被覆する正方形の個数 $N(r)$ を log-log プロットしたのが図2.3である．この場合にも各点は，ほぼ一直線に並んでおり，その傾きからこの川の次元が，1.85程度であることがわかる．砂漠の中を流れるナイル川に対しても同じことをしてみると，次元はおよそ1.4になった．雨の少ない地方の川は分岐が少なく，雨の多い地方の川にはたくたんの分岐があることを，フラクタル次元は定量的に表わしているといえそうである．

かりに，一年中ひっきりなしに雨が降っている場所があったとしたら，そこにはどんな川ができるであろうか？　地面の上の任意の点に降ってきた雨水は，直ちに川によって運び出されなければ，雨水が溜ってしまい，定常的な状態が保てないであろう．つまり，任意の点が川に直接つながっていなければならないわけである．したがって，このような場合には，川は地図上を完全に覆いつくすような形すなわちフラクタル次元が2であるような形になるはずである．

川の流量の時間的変動もまたフラクタルになっていることが知られている．ナイル川の年間最少水位の変動のデータから推定されるフラクタル次元は，およそ1.1である[1]．川の流量は降った雨の量に比例すると思われるので，流量の時間的変動がフラクタルであるということは，気候の変動もまたフラクタルであるということを意味しているのではなかろうか？

c. 地 震

地震の発生頻度に関するグーテンベルグ・リヒターの式と呼ばれている経験則がある．それによれば，地震のマグニチュード M と，マグニチュードが M よりも大きな地震の起こる回数 $N(M)$ には，次のような関係が成り立つ．

$$\log N(M) \propto -b \cdot M, \quad b \fallingdotseq 1 \tag{2.4}$$

これは，マグニチュードが小さくなると，発生頻度がおよそ 10 倍になることを示している．日本付近では，$M \geqq 6$ の地震は年に 7 回程度発生しているが，$M \geqq 5$ の地震は 70 回／年，$M \geqq 4$ ならば 700 回／年程度地震が起こっているわけである．あまり小さな地震を観測することはできないが，この関係式によれば，M が 1 以上の地震は平均すれば毎分 1 回程度の割合で発生していることになる．

マグニチュードは，地震によって解放されるひずみエネルギーの対数に比例することが知られている．(2.4) 式は M の代りに地震のエネルギー X で表わすと，次のようなベキ分布になる．

$$N(X) \propto X^{-2b/3} \tag{2.5}$$

エネルギーは，長さの測度をもつ量ではないので，この指数 $2b/3$ をフラクタル次元と呼ぶことはできない．しかし，この式は，地震現象がフラクタルと密接な関係にあることを暗示しているように思える．

地震をスケールの非常に大きな破壊現象と考えることができる．破壊にフラクタルを応用する考え方は，まだ，ごく最近始まったばかりで，あまり成果はあがっていないが，今後の発展が期待できる分野である (2.3 節のクレーター……および 3.4 節の放電と破壊……を参照されたい)．

2.2 生 物 関 係

a. 肺や血管の構造

フラクタル次元が 2 よりも大きな曲面の表面積（2 次元測度）は，原理的にはいくらでも大きくなる．この性質をうまく利用した組織が肺である．肺は，周知のように，気管の先から倍々と分岐を繰り返し，末端の表面積を非常に大きくしている．人間の肺の場合，そのフラクタル次元は，およそ 2.17 になっている[1]．この値は，空間を埋めつくす曲線の次元 $D=3$ と比べるとだいぶ小さい．フラクタル次元が大きいほど，表面積を大きくする効率はよくなるが，曲面の凹凸が激

しくなり，空気の流れが悪くなるので，その兼合いから 2.17 という数値が出てくるのであろう．

血管もまたフラクタル構造になっている．肺の表面から血液中に溶け込んだ酸素を，血管は体の隅々の細胞にまで送り届けなければならない．体内の細胞は 3 次元的に分布しているので，もしもすべての細胞にまで血管が直接つながっているとするならば，血管のフラクタル次元は 3 でなければならない．

血管の分岐に関して，次のような次元に似た量 $\varDelta$ を調べた例がある．直径 d の血管が直径 d_1 と d_2 の血管に分岐したとする．このとき，

$$d^{\varDelta} = d_1^{\varDelta} + d_2^{\varDelta} \tag{2.6}$$

を満たす数として $\varDelta$ を定義する．実際の血管の場合，8 段目から 30 段目までの分岐では，この $\varDelta$ の値がほぼ一定で，$\varDelta = 2.7$ となることが知られている[1]．(2.6) 式を満たすような $\varDelta$ が 2 よりも大きいときには，一般に，次の不等式が d, d_1, d_2 の間に成立する．

$$d^2 < d_1^2 + d_2^2 \tag{2.7}$$

この不等式は，分岐した先の血管の断面積の和の方が，分岐する前の断面積よりも大きいことを示している．血液が非圧縮流体であることを考慮に入れれば，このことは，分岐した先の血管中の流速が分岐する前の流速よりも遅いことを意味している．血管の内壁と血管との摩擦によるエネルギーの損失量は，血液の流速に比例すると考えられるので，血管が細いほど，流速が遅くなることは合理的である．もしも血管の分岐がこのようになっておらず，たとえば $\varDelta = 2$ であり，毛細血管中の血液の速度が，大動脈中の速度と同じになっていたならば，心臓のポンプ機能は桁違いに強力でなければならなかっただろう．これに対し，肺の分岐は (2.6) 式における $\varDelta$ がほぼ 2 になっている[1]．1 回の呼吸で肺内の気体を外気と入れ換えるためには，この

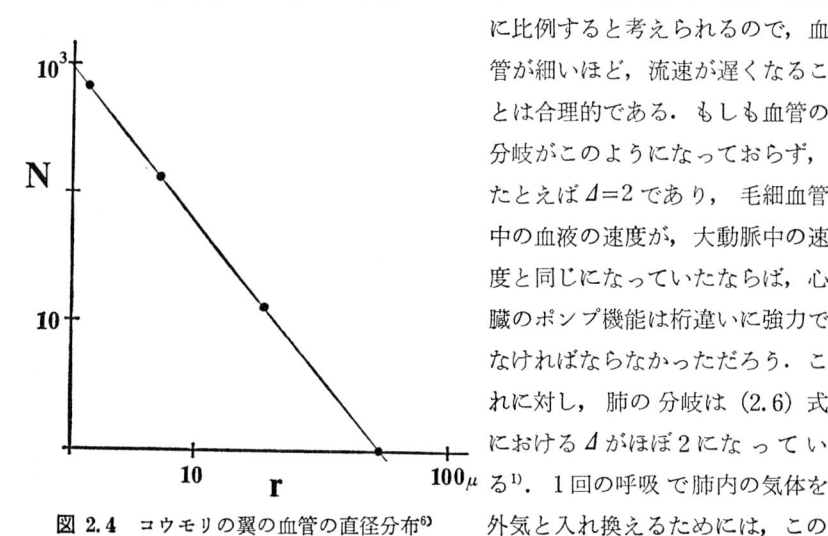

図 2.4 コウモリの翼の血管の直径分布[6]

条件が必要だからである．

　図2.4は，コウモリの翼の血管の直径分布をプロットしたものである．毛細血管から動脈までの範囲で点はきれいに直線的に並んでおり，

$$N(r) \propto r^{-D}, \quad D \fallingdotseq 2.3 \tag{2.8}$$

という関係を満足していることがわかる．ここで，r は血管の直径を，$N(r)$ は直径が r よりも大きな血管の数を表わしている．$N(r)$ は，r よりも大きなものの存在確率 $P(r)$ に比例するので，(1.24)式より $D \fallingdotseq 2.3$ を血管の直径分布に対するフラクタル次元と呼んでもよい．このように，血管はいろいろな意味でフラクタル的性質をもっており，大変興味深い．

　肺や血管以外にも，動物の体の中には，フラクタル構造をもった組織はたくさんある．たとえば，脳がそうである．人間の脳の表面には大小様々なしわがあり，それは2.73～2.79次元のフラクタル構造になっている[1]．脳のしわが多いほど頭が良い，という俗説があるが，フラクタルの立場からいい換えれば，脳のフラクタル次元が高いほど，高次元の思考ができる，ということになるかもしれない．

b.　植物の構造と虫の数

　パセリやカリフラワーに見られる規則正しい分岐構造は，肺のそれとよく似ており，また，けやきの枝の大小様々な分岐は，川の分岐を連想させる．これらの例からもわかるように，多くの木や草の分岐構造は，フラクタル的性質をもっていると思われる．この予想が実際に正しいことが，最近，いくつかの植物に対して確かめられた[7]．木を写真にとり，その写真を正方形のますに分割したとき，木の枝を含むますの数が正方形の大きさとともにどう変化するかを調べたのである．その結果，どの植物も近似的にフラクタルになっていることが確認された．得られたフラクタル次元は，アメリカづたの1.28から，しゃりんとう（バラ科の低木）の1.79までの間の値をとり，全種の平均としては，1.5程度の値になることがわかった．結論をひとことでいうならば，木の枝はおよそ1.5次元のフラクタル構造となっている，ということである．

　植物のフラクタル性は，そこに住む節足動物の個体数と関係がある．小さな虫は，大きな虫が入り込むことができないような植物の表面のすき間を有効に利用することができる．同じ1本の木でも，小さな虫の利用できる表面積は，大きな

虫にとっての表面積よりもずっと大きく，そのため，小さな虫ほどたくさん生息できることになるはずである．人間にとっては，植物の表面積が基準となるものさしの長さとどういう関係にあるかは，単に好奇心を刺激する問題でしかないが，そこに住んでいる動物たちにとっては，死活問題なのである．

　植物の表面が，2.5次元の場合を想定してみよう．体の大きさが0.1cmの虫は，1cmの虫よりも$10^{2.5-2}≒3.16$倍だけ広い面積に住めることになる．動物の新陳代謝量が体重の0.75乗に比例するという経験則があるが，これを，動物1匹当り必要とする植物の面積は，その動物の大きさの$0.75×3=2.25$乗に比例する，といい換えてもよいだろう．これらを合わせれば，大きさが0.1cmの虫は，大きさが1cmの虫に比べて，$10^{0.5+2.25}≒560$倍だけたくさん生息できることになる．実際に観測される虫の個体数分布は，ほぼベキの分布になっており，この見積りとおよそ一致することが確かめられている[7]．

2.3 宇宙関係

a. 星の空間的分布

　星は宇宙空間に一様に分布しているわけではない．銀河を形づくり，また，銀河団を形成していることからもわかるように，かたまりになって分布する傾向があるようである．銀河の空間的分布に対する相関関数がベキ乗則に従っていることが観測によって確かめられている[8]．それより見積もられるフラクタル次元は，約1.2となる．空間の次元が3であることから考えると，1.2という数字は非常に小さい．しかし，宇宙はすき間だらけであり，夜空に浮かぶ星も天球を満たすほどはないことを思えば，それほど不自然ではない（もしも，星の分布のフラクタル次元が2以上であったならば，夜空はびっしりと星で覆いつくされていたはずである）．

　最近，ビッグバン*直後の宇宙の密度のゆらぎとの関連から，銀河団の空間的分布が話題にのぼることが多い．銀河団は，数十〜数千個の銀河が集まったものであり，その大きさは，2000万光年程度であるが，その銀河団どうしが細長い糸状，あるいは薄い面状のハチの巣のような構造になっているらしいことがわかっ

＊　宇宙は，初期には非常に小さく高温高密度であったことが理論的に導かれ，3Kの背景輻射などの実験事実によっても裏づけられている．ビッグバンと呼ばれる大爆発によって膨脹を始め，約150億年を経た今日，宇宙は現在の姿になっている．

てきたのである．銀河がほとんど存在しない数億光年ぐらいの大きさの空間もいくつかみつかっており，ボイド（void，空隙）と呼ばれている．銀河がこのような分布をしているという事実は，銀河の分布が 1.2 次元のフラクタルであるという主張を裏づけるものと考えることができるだろう．なお，このような宇宙の構造を満足に説明するような理論はまだない．

b. クレーター，小惑星の直径分布

　第 1 章の中でクレーターの直径の分布について触れたが，ここで実際のデータを見てみよう．図 2.5 は，月の「神酒の海」にあるクレーターの数 $N(r)$ と直径 r との関係をプロットしたものである．直径 1 km から 100 km の間に着目すると，非常にきれいに次の関係が成り立っていることがわかる．

$$N(r) \propto r^{-D}, \quad D \fallingdotseq 2.0 \quad (2.9)$$

ここで，$N(r)$ は直径が r よりも大きなクレーターの総数を表わしているので，前章の議論から $D \fallingdotseq 2.0$ をクレーターの直径分布に関するフラクタル次元とみなしてもよいだろう．この $D \fallingdotseq 2.0$ という値は，「神酒の海」のクレーターに限らず，月の他の地方のクレーターや，さらに火星や金星のクレーターについても成立することが知られている[9]．

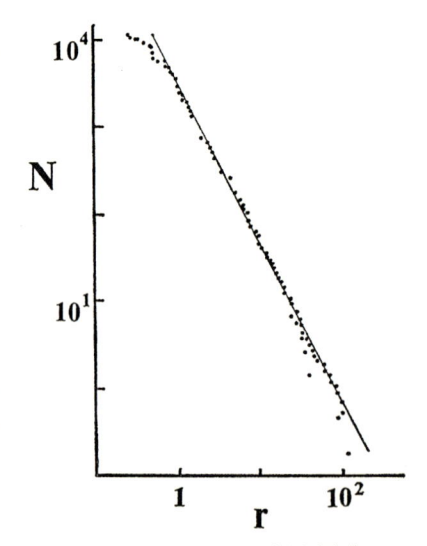

図 2.5　クレーターの直径分布[9]
N は，10^5 km^2 当り，直径が r (km) 以上のクレーターの個数

　クレーターが隕石の衝突によって形成されることを考えると，隕石の大きさの分布もまたフラクタルであることを予想させる．このことは，実際に確かめられている．質量が 100 kg 以上の大きな隕石の分布は確かにベキ法則に従い，$D \fallingdotseq 2.3$ になっているのである[9]．これよりも小さな隕石は，大気圏突入の際に燃えてしまう量が多く，ベキ分布からずれている．
　また，木星と火星の軌道の間にたくさん存在している小惑星の分布についても，同じようなことが知られている．小惑星は，直径約 1000 km のセレスを筆

頭にして，絶対等級20等以上のものだけでも約7万個あると推定されている．これらの大きさの分布を調べてみると，やはり (2.9) 式のようなベキの関係が成り立っており，$D \fallingdotseq 2.1$ になっている[9]．

このように，クレーターの直径分布，さらに，その原因と思われる隕石や小惑星の大きさの分布が，ほぼ次元が2のフラクタル分布になっていることがわかった．さらに，これらを裏づけるような実験結果がある．それは，岩石に高速度の弾丸を打ち込んだときにできる破片の大きさの分布である．この場合の岩石の破片の大きさの分布もフラクタルで，その次元は $D \fallingdotseq 2.0$ になっているのである[10]．したがって，隕石や小惑星を，ある大きさのかたまりがこわれたときの破片であると考えれば，すべてを統一的に解釈することができるわけである．このように破壊の際にベキ分布に従う破片が生じることは，破砕工学の分野ではよく知られている．しかし，小惑星のような大きな破片についても同じ式が成立することは，非常に興味深い[11]．

フラクタルとは直接の関連はないが，クレーターの形成に関するおもしろい経験則がある．地面に隕石が衝突したときにできるクレーターの直径 r と，隕石の速度 v との間には，次のような関係が成り立っているのである[12]．

$$r \propto v^{0.58} \tag{2.10}$$

隕石の持っていた運動エネルギー ($\propto v^2$) の一部がクレーター形成以外のためのエネルギーになるために，このような半端なベキがでるのであろうが，理論的な説明はまだなされていない．

c. 土星の輪

惑星探査衛星ボイジャーの最大の発見は，イオの火山活動と，土星の輪の微細構造であろう．とくに，地球からは数本にしか見えない土星の輪が，実は1000本を越す数の細い輪の集合体であることは，誰も予想していなかった（イオの火山活動は予想していた人がいるらしい）．この土星の輪の構造は，解像度を上げるとより細かい構造が見えてくる，という点において，フラクタルになっていることを期待させる（3.2節，図3.5ヘノン写像のアトラクターを参照されたい）．直接，輪の写真からフラクタル性を調べた例はまだないようであるが，理論的に輪の構造がカントール集合に有限の幅をもたせたようなものになっている可能性を指摘している研究者はいる[13]．それによると，あのような輪が形成されるために

は，土星のすぐ近くをまわっている衛星が重要な役割をはたしているらしい．

2.4 物理化学関係

a. 固体表面

地球の表面がそうであったように，多くの固体の表面も，フラクタルになっていることが最近わかってきた．いろいろな固体の表面の 75% 以上は，数 Å から数百 Å 程度の大きさの範囲でフラクタルになっている．一見滑らかなように見える物体の表面も，よく見ると複雑な起伏を伴うフラクタルになっているのである．このことは，次のような巧妙な方法によって確かめられた[14]．まず，直径のわかっている球状の分子を物体の表面に吸着させる．そして，吸着した分子のモル数を測定する．分子は物体の表面を一層に覆うように吸着するので，そのモル数を (1.9) 式における $N(r)$ とみなすことができる．大きさの異なる分子についてこれを繰り返すことにより，$N(r)$ と r の関係が決まる．つまり，球状の分子をものさしの代りにして表面積を測定するわけである．図 2.6 はシリカゲルに対していくつかの大きさの異なるアルコールと窒素を吸着させて調べた結果である．各点は両対数グラフ上できれいに直線上にのっており，シリカゲルの表面が確かにフラクタルになっていることがわかる．グ

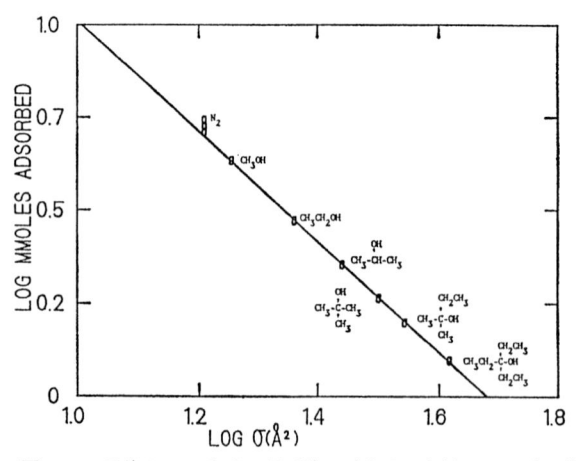

図 2.6 吸着させる分子の断面積 σ（分子の直径 r の 2 乗に比例，横軸）とシリカゲルの表面に吸着した分子量（縦軸）の関係[14]

ラフの傾きから決まるフラクタル次元は，2.97±0.02 である．いろいろな物質について調べてみた結果，フラクタル次元は，ほとんど 3 に近いような大きな値から，2.5 程度の中ぐらいの値，そして 2 に近い値まで，まんべんなくとることがわかった．物体の表面がフラクタルであるということは普遍的だが，そのフ

ラクタル次元は，各物質によってまちまちで，普遍的な値を期待することはできない．

このような固体表面の凹凸は，化学反応には大変大きな影響がある．化学反応は表面で起こるので，フラクタル次元が高ければ，それだけ少ない体積で，大きな表面積が得られ，反応の効率は高くなる．よい例が，脱臭剤として使われる活性炭や，乾燥剤として使われるシリカゲルである．どちらも表面のフラクタル次元はほとんど3になっており，においの分子や水分子を吸着可能な表面積は非常に大きい．それゆえ，これらの物質は，少量でも大きな効果を示すのである．固体を溶液に溶かす場合にも，固体の表面がフラクタル的であれば，溶けるスピードが速くなることは明らかだろう．コーヒーに砂糖を入れたとき，氷砂糖はなかなか溶けないが，角砂糖はすぐ溶ける，ということを経験したことはないだろうか？　これは，当然，角砂糖はすき間だらけで表面積が非常に大きいことが原因である（角砂糖と同一視できるかどうかわからないが，砂岩の表面は10Åから100μmの範囲で，2.7〜2.8次元程度のフラクタルになっていることが調べられている[15]）．

b. 凝 集 体

細かい微粒子が凝集したすすのようなかたまりも，フラクタル構造になっている．図2.7（左）は，鉄の微粒子の凝集体の電子顕微鏡写真である．1つ1つの微粒子の大きさは，およそ35Å程度であり，写真の分解能に比べるとはるかに小さい．図2.7（右）のように，この電子顕微鏡写真をコンピュータによってデジタイズし，解析した結果，(1.16)式により決まるDの値はおよそ1.5，(1.20)式により決まるDの値はおよそ1.6となった[16]．

この結果は，鉄の微粒子に限らず，亜鉛や酸化ケイ素についても同様であった．測定方法の異なるフラクタル次元の値の違いが誤差によるものなのか，それとも意味のあるものなのかはよくわかっていない．しかし，微粒子の凝集体が，粒子の素材にあまり依存しないようなフラクタル構造になっていることは確からしい．

金属イオンの溶けた溶液に電極を入れると，金属が析出してくる．析出して固まった金属は，ちょうど植物のような形をしており，金属樹，あるいは，金属葉と呼ばれている．金属葉は液体中における金属イオンの凝集体であり，やはりフラクタル構造をもつことが知られている．

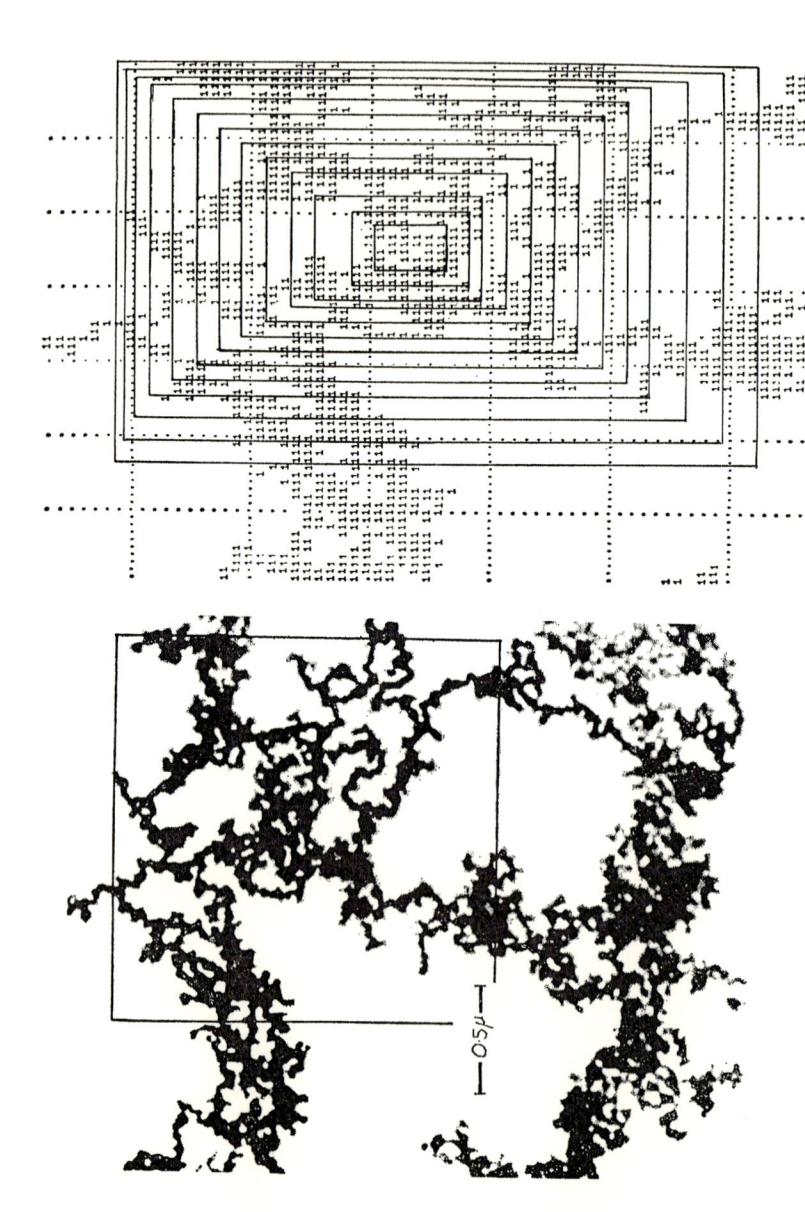

44　2. 自然界のフラクタル

図 2.7 (左) 鉄の微粒子の凝集体の電子顕微鏡写真[16]. (右) それをコンピュータによってデジタイズした結果[16]

図 2.8　実験で成長させた金属葉[17]

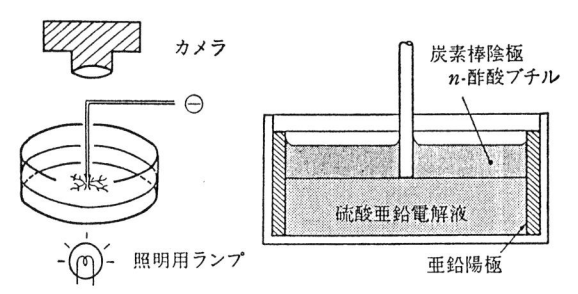

図 2.9　金属葉の実験方法[17]

　図2.8は，次に示すような簡単な実験によって作られた金属葉の例である[17]．まず，図2.9のように，ガラス製の容器に5mmほどの深さまで硫酸亜鉛水溶液（濃度は2M程度）を入れる．その上にn-酢酸ブチルを注ぎ，界面を作る．そして，先を平らにしたシャープペンシルの芯の先端を界面の位置にセットする．容器の内側に亜鉛板をリング状に置き陽極とする．陰極は，シャープペンシルの芯である．両者の間に5V程度の電圧をかけると，数分のうちに金属葉が出き上がる．このようにして作られた凝集体のフラクタル次元は，およそ1.7程度となる．
　この実験で作られる金属葉は，面に沿って成長するものであるが，3次元空間中で同じような成長をさせると，フラクタル次元は，およそ2.5程度になることが調べられている[18]．最初に紹介した凝集体の電子顕微鏡写真も，立体的な凝集体の断面であるから，元の凝集体の次元は，2.5〜2.6となる．
　これらの凝集体のフラクタル構造は，最近強い関心を集め，コンピュータシミ

ュレーションなどによる興味深い結果がたくさん得られている．その結果，微粒子の熱的なランダムウォークと微粒子どうしの不可逆な付着を仮定するだけで，これらのフラクタル構造が作られることが明らかになってきた．シミュレーションの詳細については，次章で紹介することにする．

c. ヴィスカスフィンガー

　粘性の非常に大きな流体に，粘性の小さな流体（たとえば水）を，圧力によって押し込もうとすると，粘性の小さな流体は，ちょうど前節の図2.8のような樹枝状のフラクタルになって侵入していくことが知られている．これは，ヴィスカスフィンガー（viscous finger, 直訳すると粘性指）と呼ばれている．

　この問題は，石油の採取の効率と重要なかかわりがある．通常，石油を掘るときには，地面に適当な大きさの正方形を描き，その正方形の各頂点と中心の計5カ所に穴を掘る．そして，中心の穴から二酸化炭素（または水）を吹き込み，回りの4個の穴から石油を吸い取る．二酸化炭素によって，石油を吸収穴に追い込むわけである．このとき二酸化炭素が一様に広がることが望ましいのだが，もしも樹枝状になってしまうと，採油の効率が著しく低下する．

　実験室でヴィスカスフィンガーの実験をする場合には，逆にできるだけ樹枝状構造がはっきりと現われるようにする．そのためには，次のようなことに注意をする必要がある．一般に，フラクタル構造は，ランダム化の効果が一様化の効果にまさる場合に生じやすい．そこで，いまの場合には，表面張力および流体間の拡散をできるだけ小さくなるようにした方がよい．粘性の小さな流体として水を使うならば，表面張力を減らすためには，もう一方の流体が親水性をもっていればよい．ヴィスカスフィンガーは，流体間の粘性の比が大きいほどはっきりと現われるので，具体的には，多糖類の高分子水溶液を用意すればよい．このような溶液は，非ニュートン流体*で，粘性は水の1000倍から10000倍程度になる．拡散は，ヴィスカスフィンガーの成長速度を速くすれば，ほとんど問題にならないほど小さい．2枚のガラス板の間に高分子水溶液を満たしておき，どこか1カ所から水を注入すると，ヴィスカスフィンガーの形成過程が観察される．そのとき，どちらかの流体に色をつけておいた方がよいことはいうまでもない．このような

---

* 流体の流動に際して，応力に比例したひずみ速度を示すような流体をニュートン流体と呼ぶ．高分子を含むような流体は，これにはあてはまらず，非ニュートン流体と呼ばれている．

実験の結果得られるヴィスカスフィンガーのフラクタル次元は，1.4～1.7程度であることが報告されている[19]．

いちいちこのような準備をしなくても，台所にあるものだけでも，ヴィスカスフィンガーの片鱗をうかがう実験は可能である．まず，玉子を割り，ボールに入れる．次に，牛乳をボールの端から静かに注ぐ．そのまましばらく牛乳と玉子の白味の境界を見つめていると，しだいに凹凸が生じ，フラクタル的な面が形成される過程を観察できるはずである（飽きるまで見たら，塩とコショウを入れてかきまぜたのち，バターをぬった熱いフライパンに注ぎ，オムレツにしてしまえばむだがない！）．

d. 放電パターン

イナズマが光るのは一瞬なので，肉眼ではその構造をはっきりと見ることはできない．写真に写ったイナズマは，ちょうど川のように複雑な分岐や折れまがりをもっており，その構造がフラクタルになっていることを予想させる．イナズマのフラクタル次元を写真から解析した例は，まだほとんどないが，実験室で作った放電パターンについては，詳しく解析されている．シャーレのような丸いガラス板の間にSF_6のようなガスを注入しておき，凝集体を作るときの実験のように，中心とガラス板のまわりに電極をセットし，高電圧をかける．こうしておいて，上から写真をとると，平面上の放電パターン（いわゆるリヒテンベルク図）が得られる．ここで得られるパターンは，凝集体と非常によく似ており，フラクタルであることが確かめられている．そして，次元も凝集体と一致し，1.7程度になっている[20]．

凝集体，ヴィスカスフィンガー，それに放電パターンには，共通した性質がたくさん見うけられる．これらの類似性を追求することは，現在のフラクタルに関する研究の中で，最も注目されている分野の1つである．

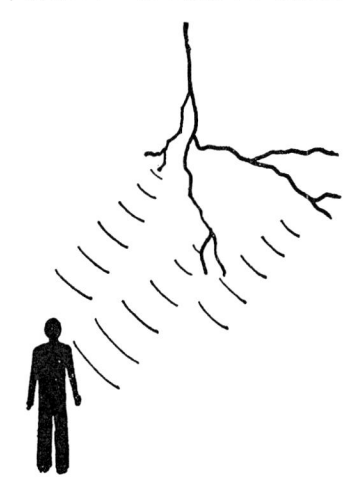

図 2.10 フラクタル構造をもつ音源（イナズマ）からの音の伝わり方

余談になるが，イナズマに伴うゴロゴロ

という音(いわゆるカミナリ)とイナズマのフラクタル構造の関係について簡単に触れることにする．結論から先にいえば，もしもイナズマがフラクタルでなければ，ゴロゴロという音はしない，ということになる．イナズマは，純粋に大気中の放電現象である．放電そのものは，分子が連鎖的にイオン化される過程なので，音はしない．放電によって強い電流が流れてジュール熱が発生し，放電した部分の空気が瞬間的に膨張する．そのとき，衝撃波[*1]が発生し，それが音になる．したがって，その音は，バンというパルス的な音でしかない．それでは，もしも，バンという音を出す音源が，イナズマのようなフラクタル上に分布していたら，離れたところで聞いている人には，どんな音が聞こえるだろうか？ 近くの部分から発せられた音はすぐに耳に入り，遠くの音源からの音は遅れて弱く聞こえる(図2.10)．それらの音の重ね合せが，ゴロゴロなのである．このプロセスを逆にたどることにより，カミナリの音を細かく解析することから，イナズマの3次元的構造を推定することも可能である[21]．

e. 高 分 子

　分子量が10000以上の分子を高分子と呼ぶが，それらの複雑な立体構造がX線解析[*2]によって明らかになってきた．たとえば，鎖状高分子は，まっすぐには並んでおらず，もつれた糸のような構造になっていることがわかったのである．このもつれた糸のような構造はフラクタルであることが予想されるが，そのことは，次のようにして確かめられた．

　鎖状化合物において，官能基に直接結合している炭素はα-炭素と呼ばれている．この炭素の位置は，X線解析によって決定しやすい．あるα-炭素を始点として，高分子の鎖を順にたどっていき，始点からの距離がrを越える以前に出会ったα-炭素の個数を$N(r)$とする．$N(r)$がrのベキになれば，そのベキの指数がフラクタル次元を与えることは，第1章において述べたとおりである．実際の測定の結果は，やはり，予想どおり多くの高分子において，$N(r)$がベキになっていた．こうして決められた高分子のフラクタル次元は，ミオグロビンの$1.66\pm$

[*1] 音波は，密度が大きい部分ほど，速く伝わるという非線形性があるため，強い密度変化があると，密度の大きな部分が，階段状になって進行することがある．これが衝撃波である．爆発や超音速飛行などによって生じる．

[*2] 物質によるX線の回折現象を利用して，原子レベルの構造を解析する方法．波(X線)を物質に当てて，その反射波のデータから，物質の構造を推定するわけである．

0.04 や α-ヘモグロビンの 1.64±0.03 のように，1.6 前後の値をとることが多い[22]．まったくランダムにもつれた糸の構造は，次章で述べる自己回避ランダムウォークによってモデル化されるが，その場合のフラクタル次元は 5/3=1.66… となる．このことから，高分子の糸は，ほとんどランダムにもつれていることがわかる．

高分子がフラクタル構造になっていることは，単に幾何学的なおもしろさがあるだけでなく，ラマン散乱[*1]のような化学的に重要な特性にも影響を与えている．高分子のフラクタル次元を D としたとき，ラマン緩和過程の温度依存性が T^{3+2D}（T は絶対温度）となることが，実験的にも理論的にも明らかにされているのである[22]．ラマン散乱は，分子をバネの集合体とみなしたときの固有振動スペクトルと直接結びついている．バネがフラクタル構造になっている場合には，一般に固有振動スペクトルがフラクタル次元に依存するのである．

なお，高分子がこのように 5/3 次元的な構造になっているのは，正確にいえば，溶液の温度が十分高い場合である．温度が下がると，いわゆるコイル・グロビュール（globule，凝縮体）転移が起こり，高分子はぎゅっとかたまり，球状の 3 次元的な構造となる．

f. 相転移（パーコレーション）

相転移における臨界点[*2]の近傍では，種々のマクロな物理量，たとえば比熱，密度，帯磁率，が臨界点からの温度差に関してベキ法則に従うことが知られている．また，ちょうど臨界点では，これらの量，もしくは，これらを微分した量が発散するという特異な現象が観測される．ミクロな立場から見れば，これらの発散はすべて相関長の発散に起因する．つまり，その系のミクロな構造にとっての固有の長さが発散し，特徴的な長さがなくなるために，マクロな物理量にも上記のような特異性が現われるのである．たとえば，H_2O は液相と気相の臨界点（647 K，218 atm）では，非常に小さな水滴から，大きな水滴まで，あらゆる大きさ

[*1] 物質に光を当てると，少し波長のずれた光が放出される．これがラマン散乱で，そのデータを解析することにより，分子の振動の様子が明らかになる．なお，この業績によってラマン（Raman, 1888—1970）はノーベル賞を受賞したのだが，彼がこの問題に取り組むきっかけとなったのは，エーゲ海の青さに感激し，その色の秘密を解き明かしたいと思ったからだという．

[*2] 2 次相転移の起こる転移点のことを臨界点という．この近傍では，ゆらぎが異常に大きくなる．秩序を作ろうとする相互作用の強さと，秩序を壊そうとするエントロピーの力のバランスするところともいえる．

の水滴がドロドロの蒸気の中を漂う白濁した物質となっている（白濁するのは，あらゆる波長の光を反射するからである）．このような，臨界点における物質の構造は，典型的なフラクタルである．そのことを，相転移を起こす最も単純な例としてよく知られているパーコレーション（percolation，浸透）の実験結果を見ることによって確かめてみよう．

金属と絶縁体を混合した薄膜は，工学上重要で，多くの研究がなされている．とくに，組成を変えたとき，電気伝導度がどう変化するか，という問題は興味深い．金属と絶縁体がまったくランダムに分布している場合には，この薄膜の電気伝導度を決めるパラメータは，薄膜中を占める金属の比率 p だけである． p が非常に小さいときには，この膜は絶縁体であり，多少 p を大きくしても伝導度はほとんど変わらない．ところが， p が1よりも小さいある臨界値 p_c に近づくと急激に薄膜の伝導度が上がり， p_c よりも大きな p に対しては，伝導度はほとんど金属膜（$p=1$ の場合）と同じ値をとるようになる．この急激な変化は，2次相転移[*]であり，パーコレーション転移と呼ばれている．

薄膜の電子顕微鏡写真を画像処理した図2.11を見れば， p を変えていったときに金属のクラスター（cluster，かたまり）の分布がどう変わっていくかがよくわかる．これらの図において，黒く染められているのは，連結した金属のクラスターのうちの面積が大きなもの上位3つである． p が増大するにつれて，クラスターは大きくなってくるが， $p=0.707$ ではまだクラスターは十分大きくはなく，膜は全体としては絶縁体である． p がほぼ p_c に近い値，0.752になると，1つのクラスターが薄膜を横断するようになり，電気伝導度が金属膜と同じ程度になる．すなわち， p_c は，ミクロな立場から見れば，大きさが無限大のクラスターの存在する確率が1になるような p の下限になっているわけである．

パーコレーション転移点近傍における金属のクラスターの形がフラクタルであることは，同一のクラスターに含まれる半径 r 以内の金属量 $M(r)$ を調べることによって確かめられる．図2.12には，クラスター中のある点を原点として，そこから R だけ離れた点が同じクラスターに属する確率 $G_c(R)$ を log-log プロットしてある． $M(r)$ と $G_c(R)$ とは，次の関係を満たしている．

---

[*] ギブスの自由エネルギーの温度についての n 次微分が不連続または発散し， $n-1$ 次以下の微分はすべて連続であるとき，この温度で n 次相転移があるという．0次の転移はありえず，1次相転移は潜熱を要する．2次の転移は，潜熱を伴わずに，比熱に特異性が現われる．金属の超伝導と常伝導状態の間の転移なども2次の転移である．なお，3次相転移の実例は，まだ見つかっていない．

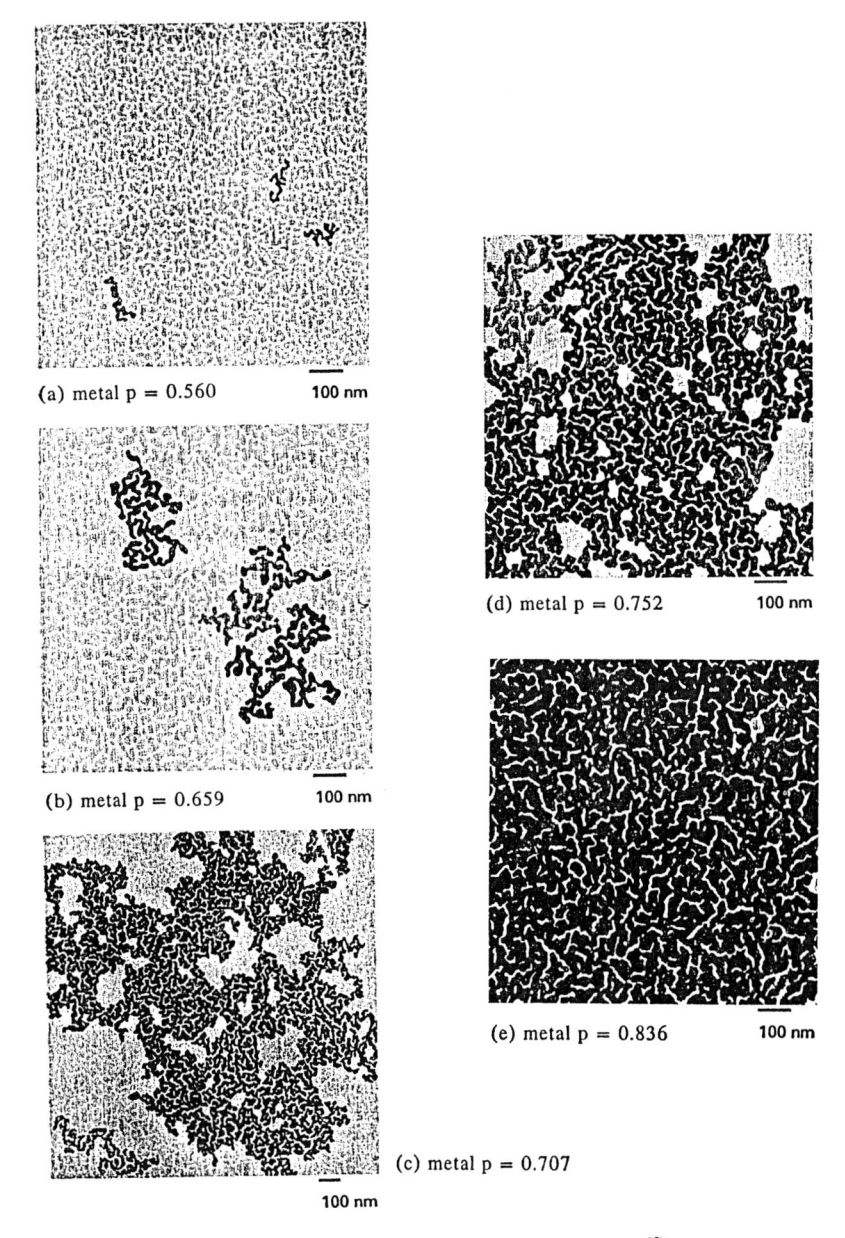

(a) metal p = 0.560　　100 nm

(b) metal p = 0.659　　100 nm

(c) metal p = 0.707
100 nm

(d) metal p = 0.752　　100 nm

(e) metal p = 0.836　　100 nm

図 2.11　薄膜上のランダムな金属のクラスター[23]
　　　　p は薄膜に含まれる金属の比率

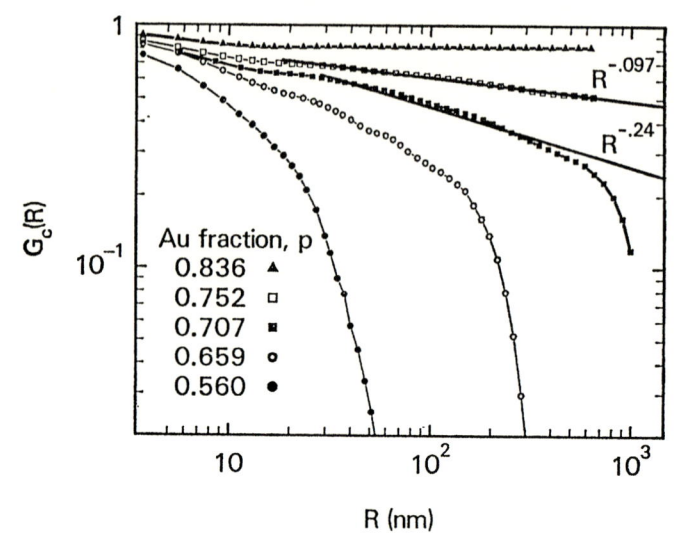

図 2.12 距離が R だけ離れた 2 点がともに 1 つのクラスターに属する確率[23]

$$M(R) \propto \int_0^R G_c(r) \cdot r dr \tag{2.11}$$

$G_c(R)$ のベキの指数 $-\eta_c$ によって，フラクタル次元 D は，

$$D = 2 - \eta_c \tag{2.12}$$

と表わされる．図より，$p=0.752$ のときには確かに $G_c(R)$ はベキになっており，薄膜中に発達した個々の金属のクラスターはフラクタルで，その次元はおよそ 1.9 であることがわかる[23]．

相転移における臨界点近傍では，臨界指数と呼ばれる量がいくつか定義される．それらの量は，現象を特徴づけるために重要な役割をはたすだけでなく，フラクタル次元とも密接な関係がある．

臨界点では，系の特徴的な長さである相関長が発散するということを述べたが，その発散の仕方は，次のようなベキの形になることが知られている．

$$\xi \propto |p - p_c|^{-\nu} \tag{2.13}$$

ここで，相関長 ξ は，連結している 2 点の間の距離の期待値（クラスターの平均サイズとみなすこともできる）である．この式は，本来 $p < p_c$ で成立する関係であるが，ξ を無限大のクラスターを除いた部分での相関長とすれば，$p > p_c$ でも成立することが知られている．つまり，系の特徴的な長さは，p が p_c よりも大き

いところでも小さいところでも，同じ関数型に従っているのである（したがって，p が p_c よりも大きくなると，ξ は逆に減少することに注意していただきたい）．

$p > p_c$ の場合には，1つの無限に大きなクラスターが存在する．全空間に対してそのクラスターの占める割合を p_∞ とすると，それは，$p < p_c$ では0であるが，$p > p_c$ では有限となる．p_∞ の p_c 近傍での増加の仕方も，やはりベキ法則に従う．

$$p_\infty \propto (p - p_c)^\beta \tag{2.14}$$

いま，空間の次元を d としたとき，1辺が L の立方体（$d=2$ ならば正方形）の中に含まれる無限大のクラスターの体積を M とすると，(2.13), (2.14) 式を用いて

$$\begin{aligned} M &= p_\infty \cdot L^d \\ &\propto (p - p_c)^\beta \cdot L^d \\ &\propto \xi^{-\beta/\nu} \cdot L^d \end{aligned} \tag{2.15}$$

という関係式が導かれる．このように，M は ξ と L の関数として表わされるので，$M(L, \xi)$ と書くことにする．(2.15) 式における比例係数は，一般には，ξ と L に依存するようなものでもよい．しかし，系の特徴的な長さが ξ だけであることから，それは，次のように L と ξ の比だけで決まる関数でなければならない．

$$M(L, \xi) = m\left(\frac{L}{\xi}\right) \cdot \xi^{-\beta/\nu} \cdot L^d \tag{2.16}$$

ここで，$p \to p_c$ とし，ξ が発散する状況を考えると，そのとき，$M(L, \xi)$ は ξ に無関係に L だけの関数になるはずである．(2.16) 式において，ξ 依存性が消えるためには $m(x) \propto x^{-\beta/\nu}$ であることが要求されるので，結局，

$$M(L, \infty) \propto L^{-\beta/\nu + d} \tag{2.17}$$

が導かれる．この関係式は，クラスターのフラクタル的性質を直接表現している．(2.17) 式は1辺が L の立方体中のクラスターの体積が $L^{-\beta/\nu + d}$ に比例するということを表わしているのであるから，L の指数がクラスターのフラクタル次元 D に他ならないわけである．

$$D = d - \beta/\nu \tag{2.18}$$

$d=2$ に相当する薄膜実験による値は，$\beta \fallingdotseq 0.14$, $\nu \fallingdotseq 1.35$ であり，先に述べた $D=1.9$ を裏づけている[23]．

このように，パーコレーション相転移の場合には，臨界指数によってクラスタ

一のフラクタル次元を表わすことができたが,一般の相転移の場合にも同じような議論が成り立ち,(2.18)式のような関係が成立することが詳しく調べられている[24].いずれの場合でも,相転移現象においては,フラクタル次元によって特徴づけられる幾何学的な構造が,系のマクロな性質を支配しているのである.

g. 乱流

水や空気のような流体には,レイノルズ (Reynolds, 1842—1912) の相似法則と呼ばれている普遍的な相似性がある.流体の密度を ρ,粘性率を ν,流れを特徴づける代表的な長さを L,代表的な速度の大きさを U としたとき,レイノルズ数と呼ばれている無次元量 R を次式で定義する.

$$R = \frac{\rho UL}{\nu} \tag{2.19}$$

どんな分子から構成される流体であっても,レイノルズ数が同じであるならば,流れの場全体が相似になる,というのがレイノルズの相似則である.つまり,流体の流れの様子は,レイノルズ数だけで特徴づけられるわけである[25].

レイノルズ数が小さいということは,粘性による力の方が,慣性による力よりも大きいことを意味し,流れは安定である.レイノルズ数が大きくなり,10^3 以上になると流れの場は不安定化して乱れ,乱流状態となる.水の場合,ρ/ν は 10^2 s/cm^2 程度である.したがって,$L \sim 10$ cm,$U \sim 10$ cm/s としても $R \sim 10^4$ となり,流れは乱流となる.空気についても同様のことがいえる.身のまわりに見られる水や空気の流れは,ほとんどが乱流になっているのである.そのことは,部屋の中を漂うたばこの煙の運動が非常に複雑であることからも推察できるであろう.

乱流は,一般にフラクタル的性質をもっていることが期待される.レイノルズ数は,流れの場の特徴的な長さに比例するので,レイノルズ数が発散するような極限を想定すると,特徴的な長さも発散し,前に述べた相転移と同様に,特徴的な長さのない状態が実現すると考えられるからである.

レイノルズ数が十分大きく,等方的である3次元乱流において,エネルギー散逸領域が実際にフラクタル構造になっていることが,最近確認された.座標 $\vec{x}$ におけるエネルギー散逸率を $\varepsilon(\vec{x})$ としたとき,その相関関数が,

$$\langle \varepsilon(\vec{x}) \cdot \varepsilon(\vec{x}+\vec{r}) \rangle \propto |\vec{r}|^{-\mu},\quad 0.2 < \mu < 0.5 \tag{2.20}$$

となることが，実験により見出されたのである[26]．エネルギー散逸とは，流体のもっている運動エネルギーが粘性によって熱エネルギーに変換されることであり，その量は速度場の勾配の2乗に比例する．したがって，(2.20)式は，速度場の空間的な変化の激しい領域の形状がフラクタル的であることを示している．エネルギー散逸領域のフラクタル次元 D は，

$$D = 3 - \mu \tag{2.21}$$

と表わされる．速度場の空間的なゆらぎが一様な場合を仮想すると，$D=3$ であり，$\mu=0$ となるわけである．乱流のフラクタル次元 D を，基礎方程式であるナビエ・ストークス方程式*から直接導き出すような理論は，まだ知られていない．乱流現象の大部分は謎に包まれている，といっても過言ではない．

地球の大気の流れは，雲によって可視化されている．大気の流れが乱流になっているため，雲の形や運動は非常に複雑である．雲の動きを調べた例は，まだないようであるが，雲の形がフラクタルであることは，最近，観測によって確かめられた[27]．1.3節の方法（2）に従い，気象衛星やレーダによる写真に写った様々な大きさの雲の面積と周の長さの関係を log-log プロットしてみると，図2.13のように各点はきれいに直線的に並び，雲の形が1.35次元のフラクタルになっていることがわかったのである．近頃は，新聞やテレビで気象衛星から地球を写した写真を見る機会が多いが，そこに写っている様々な雲が皆1.35次元の形である，ということは驚くべきことではないだろうか？

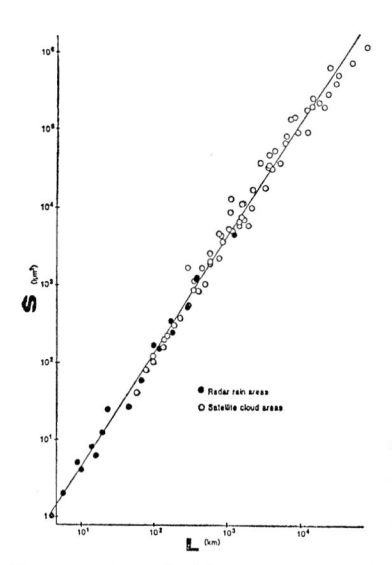

図 2.13 雲の面積 (S) と周の長さ (L) の関係[27]

図2.14はいわゆる墨流しであるが，これも乱流を可視化したものであり，フ

---

* 流体の速度場 $\vec{v}$ を記述する基礎方程式で，ρ を密度，p を圧力，ν を粘性率，λ を第2粘性率，$\vec{K}$ を外力としたとき，

$$\rho(\partial/\partial t + \vec{v}\cdot\vec{D})\vec{v} = \rho\vec{K} - \text{grad } p + (\lambda+\nu)\text{grad div }\vec{v} + \nu\Delta\vec{v}$$

と表わされる．乱流を含めた流体の性質は，この方程式によって支配されているはずであるが，非線形性 ($\vec{v}\cdot\vec{\nabla}\vec{v}$) ゆえに，一般に解くことは，非常に難しい．

図 2.14 墨流しの例
およそ 1.3 次元のフラクタルになっている．

ラクタルである．洗面器程度の大きさの容器に入れておいた水をかきまぜて，その上に墨を落として作った墨絵のフラクタル次元を測ってみると，およそ 1.3 になっており[28]，ほぼ雲の次元と一致する．大気のような大きな流れと洗面器の中のように小さな流れとがよく似た性質を持っているということは，流体の普遍性のあらわれであるといえよう（コーヒーにミルクを入れたときにできる模様も，墨絵の一種である）．

夜空の星や遠くの光が一定の明るさには見えず，微妙に明るくなったり暗くなったりしてきらめいて見えるのは，大気の屈折率がゆらいでいるからである．屈

折率は，大気の密度や湿度によって決まり，それらの量は，大気の乱流が直接の原因となってゆらいでいる．つまり，星のきらめきは，乱流によって作り出されているのである．この光のゆらぎを測定することにより，逆に乱流の性質を解明しようとする試みもある．観測者から光源までの距離を L としたとき，観測される光のゆらぎの分散 $\langle \chi^2 \rangle$ は，乱流のフラクタル次元を D としたとき，次のような関係を満たすことが理論的に示されている[29]．

$$\langle \chi^2 \rangle \propto L^{(14-D)/6} \tag{2.22}$$

広い農地のまん中で L を 250 m から 2000 m まで変えて $\langle \chi^2 \rangle$ の変化を調べたデータがあり，それによると，誤差は比較的大きいが，D は 2.5 程度の値に見積もられる．乱流のフラクタル性は，この方法によっても裏づけられているのである．

h. ランダムウォーク

分子の熱運動による衝突を受けながら気体や液体中を漂う微粒子のブラウン運動の軌跡が，微分を定義できないような曲線であることは，既に 1906 年にペラン (Perrin 1870–1942) が以下に述べるように指摘している[30]．

> 「接近した 2 つの時点における粒子の位置を結んだ直線の方向は，この時間間隔が短くなるにしたがってまったく不規則に変化するのがおわかりいただけることだろう．したがって先入観をもたずに観察するならば，そこに存在するのは接線が引ける曲線ではなくて，導関数をもたない関数であると感じることだろう．」

ブラウン運動の軌跡のフラクタル次元は，空間の次元が 2 次元でも 3 次元でも 2 になることが知られている[1]．これは，粒子の存在確率が時間の平方根に比例して広がることと関係している．軌跡のフラクタル次元が 2 ということは，平面上のランダムウォークを考えると，十分時間が経つと軌跡が面を覆いつくすようになることを意味している．

電子のように小さくて軽い粒子は，古典力学ではなく，量子力学に従って運動するので量子的粒子と呼ばれる．光速に比べてずっと遅い量子的粒子はシュレディンガー方程式*によって記述されるが，シュレディンガー方程式は，ある種のランダムウォークをする粒子の運動方程式より導くことができる[31]．このことか

---

* 量子力学では，系の状態は複素関数である波動関数 ϕ によって記述され，その時間発展は，シュレディンガー方程式 $i\hbar (\partial/\partial t)\phi = H\phi$ によって支配される．この方程式は，古典力学でのニュートンの運動方程式に相当する．

らも推測されるように，量子的粒子の軌跡はブラウン運動の場合と同じように，フラクタル次元が2であるような曲線であることが理論的に示される[32]．しかし，実験的にこれを検証することは，困難かもしれない．

i. 緩和過程（アモルファス・高分子）

複雑な構造をもつ物質の緩和過程[*1]が，時間に関するフラクタル的性質を有していることが知られている．古い例では，150年ほど前に，ガウス (Gauss, 1777–1855) に推められてウェーバー (Weber, 1804–1891) が行った絹糸についての実験がある．おもりをつるして伸ばしておいた絹糸は，おもりをはずすと元の長さに戻ろうとして縮みだす．単純な緩和の場合には，指数関数的に急速に縮み，元の長さに戻るはずであるが，絹糸の場合にはそうはならない．おもりをはずした直後には，指数的な変動をするが，ある程度以上時間がたつと，ベキ法則 $t^{-\gamma}$ に従ってゆっくりと緩和するようになる．このような伸縮のゆっくりした緩和は，グラスファイバーのねじれが戻る場合にも起こることが知られている[33]．

電気的な現象にも同じようなベキ法則に従う緩和が知られている．ライデンびん[*2]と呼ばれるガラスのびんの中に蓄えられた電荷の減衰の仕方がやはり，$t^{-\gamma}$ の型に従うのである．十分長い時間がたてば，ベキ法則からずれるのではないかという予想もあったが，1600万秒（約200日）の間にもわたって正確に減衰が続くことが実験的に確かめられている[33]．したがって，このベキ法則は，いつまでも続くと考える方が素直である．ガラス以外にもいくつかの誘電体で同じような現象が起こることが知られている．指数 γ は普遍的ではなく，物質によって異なる値をとる．このようなベキ形の減衰は，時間的な意味でのフラクタル性を表わしており，一般にロングタイムテイル (long time tail, 長い時間尾をひくという意味) と呼ばれている．

ゼロックスコピーは大変便利で，多くの人が日常的に使っているが，その原理を知っている人は意外に少ない．さらに，そのゼロックスコピーがフラクタルと関係していることを知る人は，ほとんどいないことだろう．ゼロックスコピーは静電複写と訳されているが，これからも察せられるように，コピーは静電気を利

[*1] 外的条件が変化して，新しい条件下での平衡状態に落ちつく過程．物性物理学の分野では，非常に重要な過程である．

[*2] ガラスびんの内と外の面に金属箔を張ったものでコンデンサーの一種．1745年に，初めて電気を蓄えることに成功した装置．なお，ライデンとは，実験を行ったオランダの市の名称．

用している(語幹 xero- は,本来乾いたという意味である).静電気によって炭素の微粒子を付着させ,それを熱,または圧力によって紙に焼きつけるのである.問題は,どうやってコピーしたい文字の部分にだけ電荷を帯びさせるかであるが,そこにアモルファス半導体[*1]が登場する.ある種のアモルファス半導体(たとえば a-As_2Se_3)は,暗いところでは電気を通さないが,強い光を当てると,電子とホール[*2]の対が発生し,電気を通すようになる.そのような物質で作ったフィルムの片面に,まず一様に電荷を帯びさせておく.次に,そのフィルムに原稿からの反射光を順次当てていけば,文字のない空白の部分からの反射光の当たった部分は電気伝導性をもつようになるので,電荷は0になる.こうして処理をしたフィルムに炭素の微粒子を付着させ,それを紙に押し当てれば,コピーが完了する(コピーを発明したカールソンは,特許事務所で書類を書き写す作業にうんざりし,この大発明に至ったという.必要は常に発明の母である).

さて,コピーとフラクタルの関係であるが,それは,ライデンびんと同じように電荷の緩和過程にある.光が当たって伝導性をもったアモルファス半導体は,蓄えていた電荷を流し出すが,そのときに流れる電流 $I(t)$ が

$$I(t) \propto t^{-\tau} \tag{2.23}$$

の型に従うのである[34].このように,緩和がロングタイムテイルをもつということは,電荷がなかなか0に近づかないことを意味するので,工学的には望ましくないかもしれない.理論的にはロングタイムテイルの問題は,いまだに決着がついていない大問題である(4.2節を参照されたい).

ベキの形ではないが,フラクタルと関連の深い緩和を示す現象がある.それは,高分子の電場に対する緩和である.実験によって測定された緩和関数 $\phi(t)$ は,次のような形をしている[35].

$$\phi(t) = e^{-(t/T)^\alpha}, \quad 0 < \alpha \leq 1 \tag{2.24}$$

$\alpha = 1$ が通常のよく知られた緩和関数である.しかし,実際の値は,0.3から0.8ぐらいの値をとることが多い.緩和関数は,次のように複素誘電率 $\varepsilon' + i\varepsilon''$ と結びついている.

[*1] 結晶構造をもたず,原子配列が不規則であるが,流体のような流動性を示さないような固体状態をアモルファスという.典型的な例は,ガラス.急冷したり,真空蒸着によって作ることが多い.Si系のアモルファス半導体は,太陽電池をはじめ,光デバイスとして応用されている.
[*2] 半導体などにおいて,本来詰まっているはずの電子が抜けた状態を,電子と反対の電荷をもつ粒子のようにみなしたもののこと.正孔とも呼ぶ.

$$\varepsilon' + i\varepsilon'' = -\int_0^\infty e^{i\omega t} \frac{d\phi(t)}{dt} dt \qquad (2.25)$$

これより，複素誘電率の虚数部分 $\varepsilon''(\omega)$ は，ω の大きなところで次のようなベキ法則に従うことが導かれる．

$$\varepsilon''(\omega) \propto \omega^{-\alpha} \qquad (2.26)$$

より正確にいえば，5.2節で定義する安定分布 $p(\omega; \alpha, \theta)$ を用いて

$$\varepsilon''(\omega) = \pi T \omega p(w; \alpha, 0) \qquad (2.27)$$

と書くことができる．また，(2.24)式を単純な緩和 $e^{-\mu t/T}$ の重ね合せと考えると，

$$\phi(t) = \int_0^\infty \lambda(\mu, \alpha) e^{-\mu t/T} \qquad (2.28)$$

と置くことができる．ここで，μ は緩和率で，$\lambda(\mu, \alpha)$ は，指数が α のときの緩和率の分布を表わす関数である．(2.24), (2.28) 式より，$\lambda(\mu, \alpha)$ は，安定分布を使って次のように表わせることがわかる．

$$\lambda(\mu, \alpha) = p(\mu; \alpha, -\alpha) \qquad (2.29)$$

これは，片側安定分布と呼ばれている．安定分布とフラクタルとの密接な関連については，改めて 5.2 節で述べることにするので，ここでは高分子の緩和現象がフラクタルと深いつながりがある，ということを強調するに留めておく．

j．ジョセフソン接合

電子の波動関数の位相[*1]が，マクロな物理量に影響を与える現象がジョセフソン接合において見つかっている．ジョセフソン接合とは，2つの超伝導状態[*2]にある金属を，薄い通常の伝導性をもつ物質の膜をはさんで接合したものである．超伝導状態にある金属中では，電子の波動関数の位相はそろっているが，2つの超伝導金属の距離が近づくと，お互いの波動関数に重なりが生じてきて，位相差 $\delta\phi$ によって決まる電流 i が流れるのである．接合間の電圧を V とすると，これらの変数には次の関係が成り立つ．

$$i = i_c \sin \delta\phi \qquad (2.30)$$

[*1] 量子力学では，波動によって状態を表現するが，波には，振幅と位相の2つの自由度がある．このうち，振幅の2乗は確率を表わすが，位相に対応する古典力学的な量はない．
[*2] ある種の金属は，非常に低温にすると，電気抵抗が完全に0になる．リニアモーターカーなどに使われている超伝導磁石は様々な分野において利用されている．超低温（24K以下）でなくとも超伝導性を示す物質が，もし見つかれば，その社会への影響は測りしれない．

$$V = \frac{\hbar}{2e} \frac{\mathrm{d}}{\mathrm{d}t} \delta\phi \tag{2.31}$$

ここで，i_c は臨界電流値であり，$\hbar, e$ は，それぞれ，プランク定数$/2\pi$，電子電荷を示す．これらの関係式より，この接合が固有周波数を有することがわかる．それは，(2.31) 式において，V が一定，すなわち直流電圧がかけられている場合には，位相差 $\delta\phi$ は時間で積分でき，

$$\delta\phi = \frac{2e}{\hbar} Vt + \mathrm{const.} \tag{2.32}$$

となり，これを (2.30) 式に代入すれば，電流 i は，固有周波数

$$f = 2|e|V/h \tag{2.33}$$

で振動する交流電流になるからである．この周波数は，通常マイクロ波帯に属する高周波である．直流電圧をかけると，交流電流が流れるというこの奇妙な性質は古典電磁気学では考えにくく，量子力学的効果に起因するものである．

このジョセフソン接合に，直流電圧の他に外部から交流電圧をかけると，非常におもしろい現象がみられる．外部交流の周波数 f_0 が，(2.33) 式の f の整数倍のときにのみ直流電流が流れ，それ以外ではまったく直流電流が流れないことが知られている．すなわち，共鳴を起こす周波数以外のほとんどすべての f_0 に対して，抵抗が無限大になっているのである．実際の素子を使って実験をしてみると，有限な直流抵抗と金属面間のコンデンサ効果の容量が加わり，さらにおもしろい結果が生じる．外部交流は，マイクロ波の照射によって加えられるが，その強度と周波数を固定しておき，直流電圧 V だけを上げていく．V につれて直流電流 I は増加するが，その増加の仕方が滑らかではない．P, Q を互いに素な自然数としたとき，

$$V = \frac{\hbar}{2e} \cdot f \cdot \frac{P}{Q} \tag{2.34}$$

という関係を満たすときに I は階段状に増加するのである．Q が小さいほど階段のとびが大きいので，V と I の関係を示すグラフは，図 2.15 のように，1.4 節で述べた悪魔の階段のような構造となる[36]．この図ではあまりはっきりしないかもしれないが，滑らかに増加しているように見える部分も，拡大してみると階段状の増加になっているのである．I と V のグラフの傾きによって抵抗を定義すれば，熱雑音の効果が無視できる理想的な場合には，V が有理数のときに抵抗が 0 で，V が無理数のときには抵抗が無限大ということになるはずである．

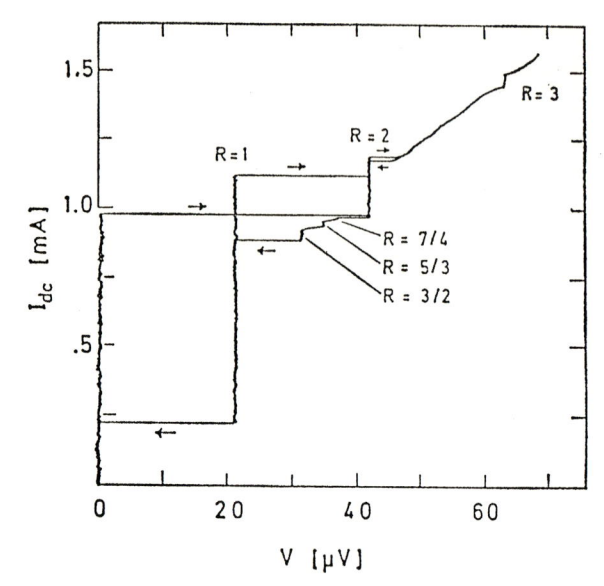

図 2.15 ジョセフソン接合における電圧 (V) と電流 (I) の関係 ($R=P/Q$)[36]

k. 分子のスペクトル

　分子から出る光のスペクトルを観測することは，分子の状態を知る上で欠かすことのできない情報を提供してくれる．ここ数年，レーザー・スペクトロスコピー*の発達に伴って，スペクトルの非常に微細な構造が明らかになってきた．これまで1本の線に見えていたものが，実は複数の線スペクトルから構成されており，またその線スペクトルが，さらに細い複数の線スペクトルからできている，というフラクタル的な階層構造になっている場合があることがわかったのである[37]．図2.16は，それを模式的に描いたものである．分子の線スペクトルは，その分子のエネルギー固有状態と1対1に対応しているので，線スペクトルがフラクタル的に分布しているということは，その分子のとりうるエネルギー状態がフラクタル的になっていることを意味する．
　このような線スペクトルのフラクタル構造は，3.2節で述べるカオスの問題と

---

* レーザーを光源とした分光法のこと．レーザー光の単色性がよいこと，パワー密度が大きいこと，指向性がよいこと，コヒーレンスがよいこと，時間的に非常に短いパルスがつくれること，などの性質を利用し，感度，分解能，精度の高い測定ができる．

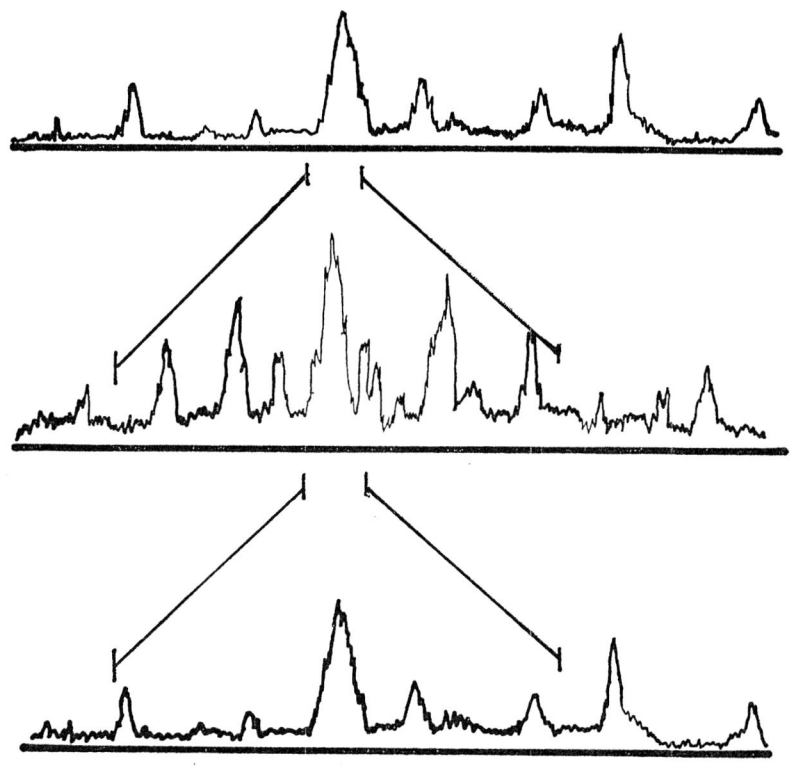

図 2.16 フラクタル的な分子のスペクトル
横軸は振動数，縦軸はスペクトル強度

深いかかわりがあることがわかってきた．単振動のように，位相空間の軌道が閉じたループになる古典力学系は，そのループの囲む面積を量子化することによって，簡単に量子力学系に焼き直すことができる．そのような場合には，エネルギー状態は完全に離散的で，線スペクトルも微細構造をもたない．しかし，軌道がループにならず，位相空間内をさまよい続けるようなカオス (chaos, 混沌) と呼ばれる古典系については，対応する量子力学系にどのようなスペクトルが現われるのか，まだ，あまり明らかにされていない．3.2節において見るように，カオスの軌道はフラクタル的になっているので，対応する線スペクトルもフラクタル的な構造になるのではないか，と期待されている．このような問題は，量子的カオスと呼ばれ，最近多くの注目を集めている．量子的カオスは，分子のような多体系のみならず，一様な磁場中に置かれた，たった1つの水素原子に対しても

問題になっている[38]．このように，フラクタルは，量子力学の最も基本的な問題に対しても，重要なかかわりをもつのである．

2.5 その他の分野

a. $1/f$ 雑音

$1/f$ 雑音とは，パワースペクトルが振動数 f の逆数，f^{-1}，に比例するようなゆらぎの総称である．フリッカー雑音，ピンク雑音とも呼ばれている．この雑音は，様々な現象に対して普遍的に観測されているにもかかわらず，そして，60年以上も前から問題になっているにもかかわらず，その原因がいまもってほとんどわかっていない．

電気回路の熱雑音は，白色雑音でありそのパワースペクトルが f^0 に比例することはよく知られている．しかし，それが実験的にも正しいといえるのは，f が十分大きい領域においてだけである．f が小さいところでは，回路を構成するものが半導体でも，真空管でも，何であっても，たいていの場合には $1/f$ 雑音が観測される．スペクトルが $1/f$ に比例するということは，波長の長い振動成分ほど振幅が大きいこと，およびゆらぎが遠い過去とも強い相関をもっていることを意味している．これらのことは直観的には受け入れにくいので，f が十分小さいところでは，$1/f$ ではなくなるのではないかと予想されたが，観測時間をいくら長く伸ばして実験してみても，$1/f$ の形は変わらなかった[39]．したがって，実験事実を素直に受け入れるならば，$1/f$ スペクトルは f が 0 の極限まで続くと考えるべきである．このあたりの事情は，緩和過程におけるロングタイムテイルとよく似ている．

電気回路以外で $1/f$ 雑音が観測されているものとしては，水晶片の振動，高速路上の自動車の流れ，気温の季節的変動，音楽，心拍，神経繊維の膜電位などがある[2]．これら以外にも探せばまだまだ出てくるはずである．このように様々な分野において見つかっているということは，この雑音が，何か非常に普遍的で単純なメカニズムによって発生していることを期待させるのだが，初めにも述べたように，まだ満足のいくような説明はなされていない．$1/f$ の形のスペクトルが自己相似性を有していることからも，フラクタルとは関係がありそうだ，という予想はできる．もしかすると，フラクタルを使ったモデルによって，$1/f$ スペク

トルを説明することができるかもしれない．そして，案外，解決してしまえば，なんだそんなことだったのか，というようなことになるかもしれない．アイデアの豊富な読者には，ぜひ考えてみていただきたい問題である．

b. 通信系のエラー

通信の過程で生じるエラーの分布は，その時間間隔を τ とすると，
$$P(\tau) \propto \tau^{-D}, \quad D \fallingdotseq 0.3 \tag{2.35}$$
という分布に従うことが知られている[1]．ただし，ここで $P(\tau)$ は，エラーの間隔が τ よりも大きな場合の存在確率を表わす．これより，時間に対するエラーの分布のフラクタル次元が，0.3 であることがわかる．すなわち，エラーの分布はカントール集合のように自己相似的なかたまりを形成して分布しており，一度エラーが起こると引き続いてエラーが起こりやすくなっているわけである．この経験則を満足に説明するような理論も，まだ，まったくないようである．

c. 所得の分布

所得の分布は，広い範囲で対数正規分布に従うことが知られている．対数正規分布というのは，対数をとると正規分布になるような正の数の分布である．図 2.17 は，アメリカにおける 1935 年から 1936 年までの所得の分布を，対数正規グラフ用紙にプロットしたものである[40]．グラフの縦軸は所得の対数を，そして横軸は累積確率を表わしており，点が直線的に並んでいれば，その分布が対数正規分布になっていることを示す．この図より明らかなように，高所得者の上位 1% を除いた各点は，ほとんど直線的に並んでおり，所得の分布は確かに対数正規分布に従っていることがわかる．

対数正規分布からはずれている上位 1% の人の分布を詳しく調べてみると，次のようなベキの分布になっていることがわかっている[12]．
$$P(X) \propto X^{-1.6} \tag{2.36}$$
この分布型は，いままでに何度も出てきたフラクタル分布に他ならない．

所得の分布において興味深いのは，いわゆるプロレタリア階級とブルジョア階級の分布型が，はっきりと区別できるところであろう．上記の結果は，プロレタリアの所得は対数正規分布に，ブルジョアの所得はフラクタル分布に従う，というように換言できるからである．

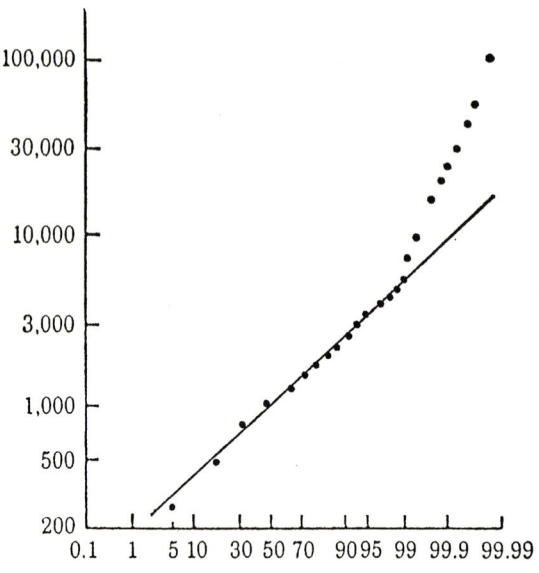

図 2.17 年間所得の分布[40]

累積分布を対数正規確率用紙にプロットしたもの．横軸は，累積比率（％），縦軸は所得（ドル）．たとえば，所得が3000ドル以下の人は，全所得者の90％を占める．

対数正規分布は，考えている事象が，独立な確率的事象の積に分解できるような場合にしばしば現われる．それは，次のような事情によるものと思われる．たとえば，ある人が出世する確率 p_0 は，その人が仕事に合った才能をもっている確率 p_1 や，よい上司に恵まれる確率 p_2，時期がよい確率 p_3，……などの確率の積によって表わされると考えてもよいだろう．

$$p_0 = p_1 \cdot p_2 \cdot p_3 \cdots \cdots \qquad (2.37)$$

両辺の対数をとると

$$\log p_0 = \log p_1 + \log p_2 + \log p_3 + \cdots \qquad (2.38)$$

となるが，各 p_i が独立で有限な値をとるならば，中央極限定理（5.2節参照）によって，右辺はガウス分布に漸近すると考えられる．したがって，p_0 の分布は，対数正規分布になるのである．

ある程度以上の財産をもつブルジョア階級の人の所得は，主に投資によって決定するので，上のような考え方はできない．たぶん，次項の株価の変動のところで述べるようなお金のフラクタル性が直接反映して，これらの人の所得の分布は

決定しているものと思われる．

なお，所得の分布型は，その国の経済状態の影響を受けているはずなので，大変興味深いが，残念ながら手に入りやすいデータは，日本を含めてあまり公表されていないようである．

d. 株価の変動

株価の変動のグラフは新聞などでよく見かけるが，非常に激しく上下し，まったくランダムで，ほとんど法則性はないように感じる．しかし，統計的立場からこの変動を解析すると，きれいな法則が成立していることが知られている．マンデルブロの発見したその法則は，次の2つである[1].

（1） 単位時間当りの株価の変動の分布は，特性指数 $D ≒ 1.7$ の対称な安定分布に従う．

（2） 単位時間を大きくとっても小さくとっても，この分布は相似である．つまり，適当に尺度を変えれば，同じ分布になる．

安定分布については，5.1節で詳しく述べるので，ここでは，フラクタルと関連の深い性質だけを指摘しておく．単位時間 T の間の株価の変動 x の分布密度を $p(x)$ とすると，次の関係式が成り立っている．

$$\int_x^\infty p(x')dx' = \int_{-\infty}^{-x} p(x')dx' \propto x^{-D} \tag{2.39}$$

これは，株価の変動の大きさの分布がフラクタルになっていることを示している．たとえば，1日の株価の変動が x 円以上である回数は，変動が $2x$ 円以上である回数よりも $2^{1.7} ≒ 3.2$ 倍多いというわけである．

お金には，そもそもフラクタル的な性質がある．それは，次のような意味である．子供（あるいは貧乏人）にとっては，1000円はちょっとしたお金で，10万円は大金だろう．しかし，大人にとっては，10万円がちょっとしたお金で，1000万円が大金となる．大富豪にとっては，1000万円がちょっとしたお金で，10億円ぐらいが大金かもしれない．そして，国家予算から見れば，100億円すら，はした金になってしまう．株の売買を例にとれば，ある者は100万単位で株を売買し，またある者は1万を単位として売買しているが，どちらの者も，取引のケタが異なるだけで売買の決断の仕方は同じであるということである．このような自己相似的な変動の重ね合せで株価が決まるので，株価の変動の大きさの分布はフラクタルになるものと思われる．

法則（2）は，株価の変動が時間的にもフラクタル的であることを示している．1日の株価の変動のグラフと1年間の株価の変動のグラフを比べると，株価の目盛が異なるだけで，変動の様子は区別がつけられない，ということである．

これらのマンデルブロの法則は，実際のデータとよく合うことが確かめられているが，あくまで統計的な法則でしかないことに注意しなければならない．これらを利用して明日の株価を予測することは，残念ながらできない．株価の変動のグラフのパワースペクトルを調べてみると，f^{-2}形になっていることが知られている[2]．これは，ブラウン運動と同じで，毎日の変動が過去と無相関にゆらいでいることを示している．つまり，株価はその日その日の取引の様子だけで決まり，過去のデータを調べてもあまり意味がない，ということである．しろうとが株に手を出すとろくなことはない，とよくいわれるが，株の難しさの原因はここにある．そして，深みに入ると，お金のフラクタル性ゆえに，金額の価値に麻痺してしまい，気が付いたときには巨額の負債をかかえ込んでいた，ということになりかねない（おそらく株のプロは，複数の株の運動や社会情勢などに微妙な相関を見出し，株価の予測をしているものと思われる）．

e. ジップの法則

英文の中に出てくる単語の頻度を調べてみると，一番多いのは the，次が of，その次が and，…となっている．このとき，これらの単語の出現頻度の順位と出現確率を両対数グラフにプロットすると，右下がりの45度の直線に並ぶ[2]．これが，ジップ（Zipf）の法則である（図2.18）．この法則は，1.3節おいて述べたように，任意に1つの単語を選び出したとき，その単

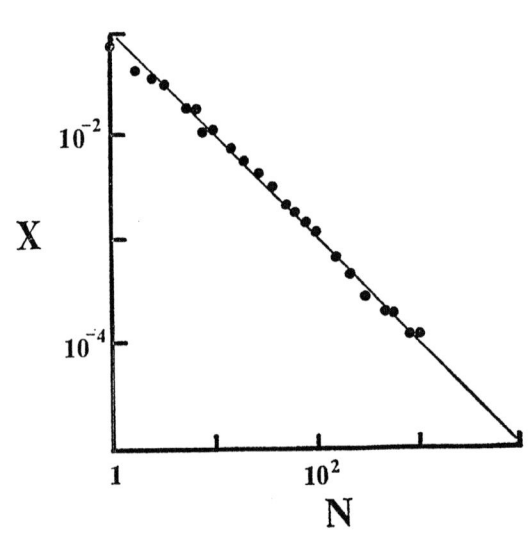

図 2.18 英単語の出現頻度 (x) と順位 (N) の関係[2]

語の出現確率が x 以上である確率を $P(x)$ としたとき,
$$P(x) \propto x^{-1} \tag{2.40}$$
が成り立つ, ということと同値である. つまり, フラクタル分布のうちで, 指数が -1 である場合をジップの法則と呼ぶわけである.

　この法則は, 単語の出現確率以外にも, 様々な分野の現象において成り立つことがわかっている. たとえば, 都市の人口, 日本の国別の輸入額, などがその例である[2]. この法則も $1/f$ 雑音と同じように, 昔から知られているにもかかわらず, 満足のいく説明に成功した者はいない. 著者は, 安定分布（とくに片側安定分布）がこの問題を解決するための鍵であると思っている. しかし, いろいろな分野のジップの法則に, 統一的な説明をするのは, 非常に難しいように思われる.

―――― tea time ――――

フラクタルもどき

　一見フラクタルのように見えても，実はフラクタルでないものもたくさんある．たとえば，中華料理などの表面に浮かんでいる油．大小様々な大きさの油が浮かんでいる様子は，フラクタル的に感じられるが，油の直径の分布を調べてみるとベキの分布ではなく，指数分布に近いことがわかる．また，地図上に人口分布をプロットした図を見ていると，人口の空間的分布がフラクタルではないかと予想させるが，実はこれも指数分布になっている．これは，都市社会学の分野で都市人口密度の法則と呼ばれている．大都市のまわりに衛星都市が自己相似的に形成されているように見えるが，大都市への人口集中は非常に強く，都市の中心から距離 r における人口密度は e^{-r/r_0} に比例するのである．同じような例であるが，カビのはえ方も，一見フラクタル的であるが，よく調べてみるとどうも指数分布に従っているようである．フラクタルの勉強を始めると，誰でも複雑な構造や分布はなんでも皆フラクタルであるように思えてくるが（通称フラクタル病），実際にはフラクタルではないものも多いので注意を要する．

　ここであげた例は，どれも名古屋大学フラクタル研究会が，サークル活動として調べたものである．本章で紹介した川と墨流しは成功例であるがその裏にはこのような失敗（といってもフラクタルではなかったというだけに過ぎない）もたくさんあるのである．

　この研究会で調べていて，いまだデータ不足のためフラクタルかどうか決着のつかない興味深いものに，アリの軌跡，地磁気の反転，そしてDNAの配列の問題がある．アリの歩行は直線的ではないし，ブラウン運動でもない．歩いた道すじは，1.2次元程度のフラクタル曲線である可能性がある．地磁気が過去何度も反転を繰り返してきたことはよく知られているが，それはきちんとした周期に従っているわけではない．反転の仕方に時間的な意味でのフラクタル性があるかもしれない．DNAの塩基の配列は，一見ランダムのようだが，そこには生命を作るための規則が隠されている．自己再生をする暗号の配列が自己相似的である可能性はないだろうか？

3. コンピュータのフラクタル

 他の機械と比較したとき，コンピュータのもつ最大の特徴は，進化と多様性であるといえよう．進化とは，メモリが増え，演算処理が速くなることであり，進化という言葉が適切なのは，後で作られたコンピュータの方が前に作られたものよりも，確実に，メモリ容量，処理速度においてまさっているからである．多様性とは，1つのコンピュータが，プログラム次第で，絵を描いたり，給料計算をしたり，あるいは核融合プラズマのシミュレーションをしたりすることである．

 映画『TRON』では，コンピュータの中に1つの世界があり，その世界の中を擬人化されたプログラムたちが動き回っている，という比喩を使っているが，そのイメージは，大型コンピュータが様々なプログラムを蓄え，処理している様子をよく表わしている．コンピュータがさらに進化すれば，コンピュータの世界もそれにつれて大きく多様に広がっていくわけである．

 この章では，コンピュータの世界の中に作り出されたフラクタルを紹介する．紹介するのは，どれも単純な規則によって作られたフラクタルばかりなので，前章の自然界のフラクタルに比べると，おもしろみに欠けるかもしれない．しかし，自然界のフラクタルの成因の解明に，コンピュータの世界の中でのシミュレーションは，重要なヒントを与えてくれることが多いのである．1つの目標は，できるだけ簡単な規則で自然界のフラクタルを模倣することである．また，それだけでなく，自然界には存在しえないフラクタルを作り出すこともできる．抽象的な空間での構造を，コンピュータの世界の中に組み立てることによって，新しい知見が得られることも少なくはないだろう．

 なお，最後の節（3.7節）には，パソコンによるプログラムをいくつか掲載してある．コンピュータをお持ちの読者は，ぜひ，適当に移植して，走らせてみていただきたい．

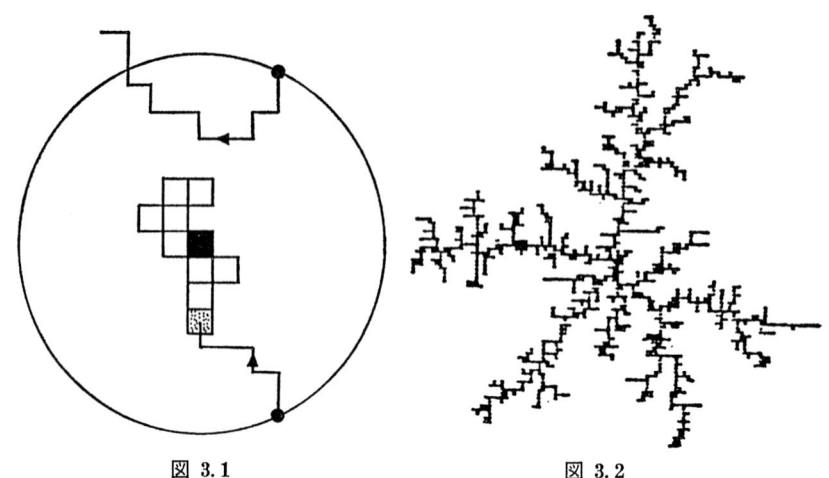

図 3.1
凝集体のシミュレーションの方法

図 3.2
シミュレーションによって作られた凝集体
（プログラムリスト 4 ）

3.1 凝 集 体

　前章の 2.4 節において，微粒子の凝集体のフラクタル構造について述べたが，このような構造は，単純な規則を定めるだけで，コンピュータによって作り出すことができる．その規則とは，次のようなものである．

　「まず，格子の原点に種となる粒子を置いておく．第 2 の粒子を原点から遠く離れた格子点に置き，格子上をランダムウォークさせる．この粒子が種の粒子と隣接する格子までできたらストップさせ，凝集体の一部になったものとみなす．もしも，この粒子が種の粒子に近づかず，非常に遠くにいってしまった場合には，この粒子を消し，別の粒子を発生させ，同じようにランダムウォークをさせる．こうして，種の粒子に第 2 の粒子が付着したら，第 3 の粒子を遠く離れた点に置き，ランダムウォークをさせる．そして，凝集体に隣接する格子上にきたらストップさせ，凝集体の一部になったものとみなす．また，非常に遠くにいってしまったときには，その粒子を消滅させて，新たな粒子を発生させる（図3.1 参照）．凝集体が十分大きく成長するまで，同じような操作を繰り返す．」

　この規則によって作り出された凝集体の例が，図3.2である．これは， 2 次元

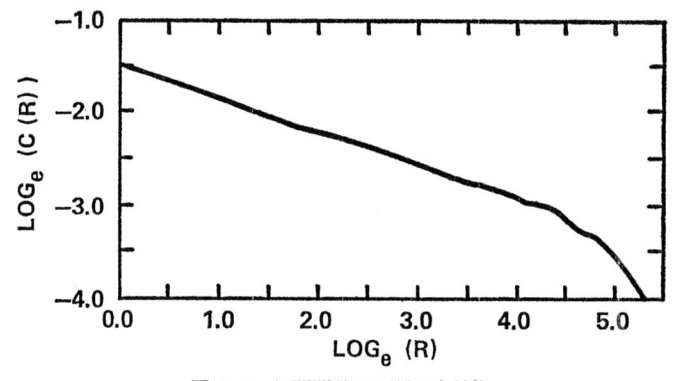

図 3.3 相関関数の距離依存性[1]

格子上に作られた凝集体であるが,一見したところ,自然界の凝集体(図2.8)と非常によく似ている.原点から半径 R 以内の粒子の個数 N を log-log プロットしたのが,図3.3である.この図からわかるように,N は R のベキにきれいに比例しており,凝集体の構造はフラクタルである.グラフの傾きから決まるフラクタル次元は,およそ $D=5/3$ であった.この値は,自然界のものの1.7という値とほぼ一致している.

空間の次元 d を,2,3,4,5,6と変えてシミュレーションをしてみた結果,得られる凝集体のフラクタル次元 D と空間の次元 d との間には,次のような関係が成立していることが発見された[1].

$$D \fallingdotseq \frac{5}{6}d, \quad 2 \leq d \leq 6 \tag{3.1}$$

この結果は,くりこみ群を使った方法[2]や高分子の統計理論を拡張した次元解析の方法[3]によって,理論的な解釈がなされている.また,$d=2,3$ の場合には,2.4節で紹介した実験の結果とよく一致している.直観的には,$D \fallingdotseq 5d/6$ となることまではわからないが,凝集体が空間を埋めつくすようなパターンにはならないことは,外から近づいてくる粒子は外側の枝に付着しやすく,内部まで侵入しにくい,ということからも想像できよう.ランダムウォークを格子の上だけに制限していることがフラクタル次元に影響を与える可能性はある.しかし,3角格子上でランダムウォークをさせても,自由にランダムウォークをさせても,あまり結果は変わらないことが確かめられている[1].したがって,(3.1)式は,普遍的な関係式であるといえよう.

いま述べたモデルは，種となる粒子が1つだけあり，そこにまわりから拡散してきた粒子が付着する場合であったが，種を置かずに，衝突すると付着するような性質をもつ粒子の集合を考えても，似たような凝集体が作れる．その場合には，各粒子はブラウン運動をしないで，衝突するまでまっすぐに飛び続けるような運動をしていてもよい．このような場合にも，やはり，得られる凝集体の構造はフラクタルになることが調べられている．しかし，そのフラクタル次元は，種を固定しておいたものとは異なる．シミュレーションの結果によると，空間の次元が，2, 3, 4の場合に，フラクタル次元は，それぞれ1.4, 1.8, 2.0程度になるのである[4]．これらの値は，(3.1)式の与える値に比べると，だいぶ小さい．つまり，種を固定しておいた場合よりも，ずっとすき間だらけになっている．その理由は明らかであろう．今度の場合には，凝集体どうしが付着して，より大きな凝集体になるので，大きなすき間が残りやすくなるわけである．なお，この凝集体のフラクタル次元は，簡単な幾何学的モデルを考察することにより，

$$D = \frac{\log(2d+1)}{\log 3} \tag{3.2}$$

によってよく近似されることが示されている[5]．

3.2 カオスと写像

a. 奇妙なアトラクター

天気予報の問題に関連した，次のような3変数の非線形方程式系（ローレンツ系と呼ばれる）の解の挙動には，きわめておもしろい性質があることが知られている．

$$\left. \begin{array}{l} \dfrac{d}{dt}X = -10(X-Y) \\[4pt] \dfrac{d}{dt}Y = -XZ + rX - Y \\[4pt] \dfrac{d}{dt}Z = XY - \dfrac{8}{3}Z \end{array} \right\} \tag{3.3}$$

パラメータrが，$24.74 < r < 145$の範囲にある場合には，$t \to \infty$における解が，ある値に漸近することも周期解になることもなく，有限の領域を動き続ける，ということが数値計算により確かめられたのである[6]．図3.4は，ある初期値に対

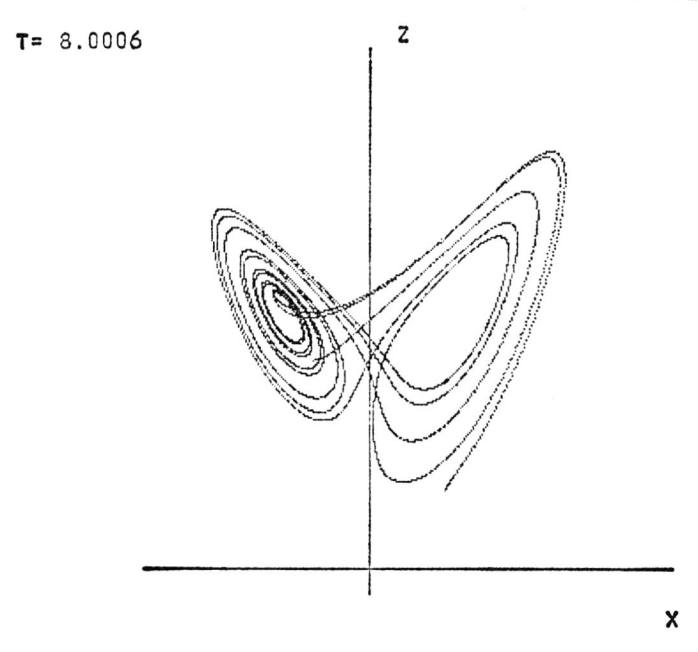

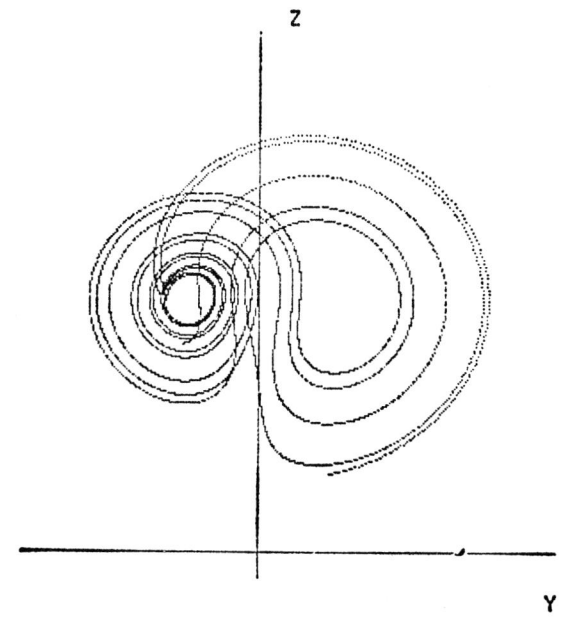

3.2 カオスと写像 75

T= 8.0006

図 3.4
X-Z 面および Y-Z 面に射影したローレンツ系の解（プログラムリスト5）

する解の時間発展をプロットしたものである．一見，軌跡が重なっているように見えるかもしれないが，解の一意性により，軌跡はけっして交わらない．この運動のパワースペクトルを調べてみると，連続的なスペクトルになっており，(X, Y, Z) の変動が，あらゆる周期の成分を含むような，非常に複雑なものであることがわかる．さらに，ほんのわずかに異なる2つの初期値に対して，各々の時間発展を計算してみると，$X-Y-Z$ の3次元空間の中で，2点間の距離が指数関数的に増大していくことも確かめられる．微分方程式 (3.3) の解は，初期値を与えれば，一意的に決定されるが，初期値のわずかな変化が時間とともに指数関数的に拡大され，解に大きな変化をもたらす，という不安定性を有しているのである．このような決定論的力学系の非周期解が示す複雑な運動は，カオスと呼ばれている．天気予報が難しいのは，気象の変化がカオス的ふるまいを見せ，ほんのわずかな変動が，大きく増幅されることがあるからである．

初期に点ではなく，小さな立方体を考えると，時間がたつにつれて立方体は変形されていくが，そのとき，体積は指数関数的に減少していく．それは，その体積を V とすると，

$$\frac{1}{V}\frac{dV}{dt} = \frac{\partial}{\partial X}\frac{dX}{dt} + \frac{\partial}{\partial Y}\frac{dY}{dt} + \frac{\partial}{\partial Z}\frac{dZ}{dt} = -\frac{41}{3} \tag{3.4}$$

が成立しているからである．$X-Y-Z$ 空間内の近くの2点は指数関数的に離れていく，とさきほど述べたが，このことより，考えている立方体が薄くリボン状に引き伸ばされることがわかる．立方体の内部の2点間の距離が指数関数的に増大し，しかも全体の体積が指数関数的に減少するためには，そのような変形をしなければならないからである．

一般に，$t \to \infty$ で軌道が吸引される極限集合をアトラクターと呼ぶが，(3.3) 式によって記述されるローレンツ系のアトラクターは，図3.4に示される軌道のような有界な領域である．初期に考えた小さな立方体は，薄く引き伸ばされてそのアトラクターに吸収され，そこの上で伸長過程を続けることになる．アトラクターは有界な領域であり，有界な領域内でたえず伸び続けるためには，無限回の折りたたみ構造がなければならない．すなわち，初期において立方体を構成していた点の集合は，$t \to \infty$ においては無限回折りたたまれた無限に薄い体積0のリボンのようなアトラクター上を，はてしなく彷徨し続けるのである．このような複雑な構造をもつアトラクターは，「奇妙なアトラクター」と名づけられている．

奇妙なアトラクターは，ローレンツ系に固有なものではなく，たくさんの小数自由度力学系において見つかっている．線形力学系には，このようなアトラクターが存在しないことは明らかであるが，次に示すレスラー系は，たった1つの非線形項 (xz) が奇妙なアトラクターを生み出すことを実証したことで有名である[7]．

$$\left.\begin{aligned}\frac{d}{dt}x &= -(y+z) \\ \frac{d}{dt}y &= x+0.2y \\ \frac{d}{dt}z &= 0.2+z(x-5.7)\end{aligned}\right\} \quad (3.5)$$

自由度が2以下の常微分方程式系のアトラクターは，点か円（または，それを歪めたもの）に限られることが知られており，奇妙なアトラクターは存在しえない．しかし，2変数でも不連続な写像であれば，奇妙なアトラクターをもつことがある．図3.5は，ヘノン写像と呼ばれている次式のような写像における奇妙なアトラクターの形を示している．

$$\begin{aligned}x_{n+1} &= 1-ax_n^2+by_n \\ y_{n+1} &= x_n\end{aligned} \quad (3.6)$$

初期に小さな正方形を考えると，この場合にも，その内部の2点の距離は写像されるごとに指数的に増大し，面積は指数的に減少する．そのため，正方形は，細長いひものような形に変形されていく（図3.6参照）．この写像のアトラクターもローレンツ系と同じように有界なので，そのひもは無限に折りたたまれていくことになる．図3.5(b)は図3.5(a)のアトラクターのうち4角で囲まれた部分を拡大したもので，(c)と(d)は，それぞれ(b)の一部分，(c)の一部分を拡大したものである．1本に見えていた線を拡大して見ると，自己相似的に並んだたくさんの細い線から構成されていることがわかる．これは，無限に折りたたまれた結果生じた構造で，1.4節で述べたカントール集合と同じような性質をもつフラクタルにほかならない．

ローレンツ系のような常微分方程式系の奇妙なアトラクターについても同じようなことがいえる．この場合には，空間が3次元であり構造の特徴が見えにくいので，適当な仮想的平面によって切った断面を考えるとよい．元の空間では時間とともに連続的に変化する点の運動も，この平面上だけで考えれば，軌跡と平面の交点から交点への写像によって表現されることになる．このような写像のこと

78   3. コンピュータのフラクタル

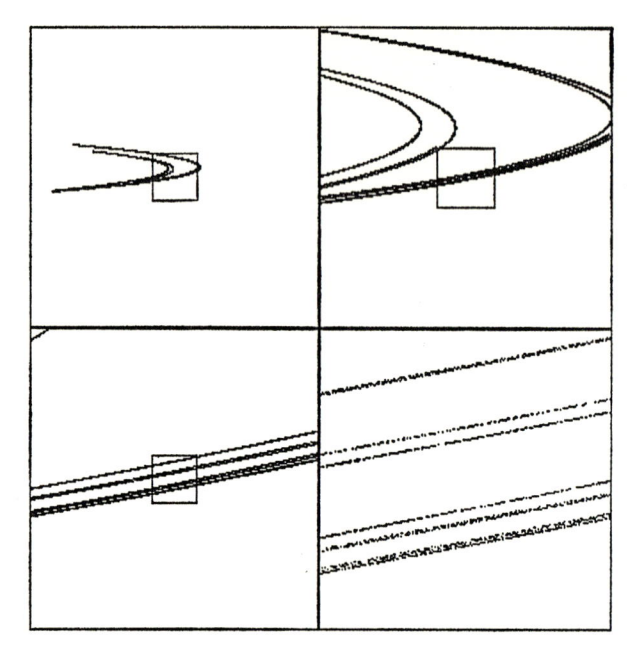

図 3.5 ヘノン写像の
　　　　アトラクター
左上図(a)の中の小さな4角を拡大したものが右上図(b)．同様に右上図を拡大したものが左下図(c)，それを拡大したものが右下図(d)（プログラムリスト6）

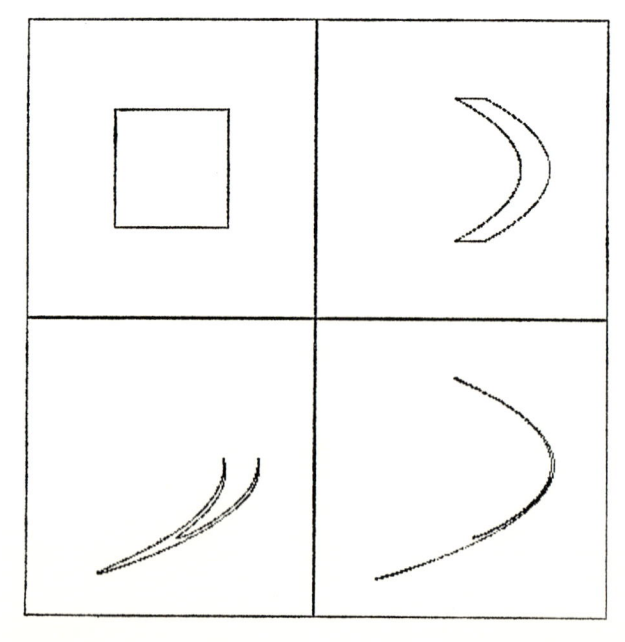

図 3.6 正方形を初期値にしたヘノン写像
写像されるごとにリボン状に変形される（左上→右上→左下→右下）

をポアンカレ写像と呼ぶ．ローレンツ系やレスラー系のポアンカレ写像は，ヘノン写像と同じような性質をもっており，奇妙なアトラクターの断面図は，いつでもフラクタル構造になっていることが知られている．

奇妙なアトラクターがフラクタル構造になっていることがわかれば，それのフラクタル次元を測定することもできる．粗視化の度合を変える方法や，相関関数による方法で次元を測ってみると，ヘノン写像とローレンツ系の奇妙なアトラクターの次元は，それぞれ，1.26 と 2.06 程度になることが報告されている[8]．つまり，フラクタル次元を使って，奇妙なアトラクターを定量的に特徴づけたり，分類したりすることができるわけである．奇妙なアトラクターという名前がつけられた頃は，フラクタルの概念がまだ一般的ではなかったので，「奇妙な」というような呼び方を余儀なくされたのであろう．しかし，フラクタルとの密接な関連を見ると，むしろ，フラクタルアトラクターと呼ぶようにした方がよいように思われる．

奇妙なアトラクターのフラクタル次元を，理論的に求めることはできないであろうか？　現在までのところ，一般的に常微分方程式系や写像を与えたときに，たちどころにフラクタル次元が求められるような公式は，まったく見つけられてはいない．しかし，わずかに離れた2点間の距離の伸縮を定量化する量，リアプノフ指数，がわかれば，それを使ってアトラクターのフラクタル次元を推定することはできる．ここで，リアプノフ指数 λ_α とは，次のように定義される量である．ある時刻 t において，方向 α の向きに短い距離 $L_\alpha(t)$ だけ隔たった2つの点を考える．時間 τ の後に，この2点間の距離が，$L_\alpha(t+\tau)$ となったとしよう．次式のように定義される平均拡大率が，リアプノフ指数である．

$$\lambda_\alpha \equiv \frac{1}{\tau}\left\langle \log \frac{L_\alpha(t+\tau)}{L_\alpha(t)} \right\rangle \tag{3.7}$$

λ_α が正（負）ならば，2点は方向 α にそって指数関数的に離れる（近づく）わけである．方向を表わすパラメータ α をはっきりさせるため，適当に直交座標を考え，その軸の方向を α とすることにする．すなわち，λ_α は，全部でちょうど空間の自由度と同じだけの数があるわけである．これらのリアプノフ指数を大きい順に番号をつけ，改めて $\lambda_1, \lambda_2, \lambda_3, \cdots, \lambda_d$ とおくことにする．このとき，アトラクターのフラクタル次元 D は，次のように推定できることが知られている[9]．

$$D = j - \frac{\lambda_1 + \lambda_2 + \cdots + \lambda_j}{\lambda_j} \tag{3.8}$$

ここで，j は $\lambda_1 + \lambda_2 + \cdots + \lambda_j$ が負になるような番号のうちで一番小さいもの，す

なわち，

$$j \equiv \min\left\{n \mid \sum_{i=1}^{n} \lambda_i < 0\right\} \tag{3.9}$$

を表わす．たとえば，ヘノン写像とローレンツ系の場合には，それぞれ $\lambda_1=0.42$，$\lambda_2=-1.58$，および $\lambda_1=1.37$, $\lambda_2=0.00$, $\lambda_3=-22.4$ となっており[10]，次元は，それぞれ 1.26 および 2.06 と見積もられる．これは，先に述べた結果と一致する．なお，(3.8) 式によって定義される次元は，リアプノフ次元（または，カップラン・ヨーク次元）と呼ばれており，正確にいえば，アトラクターのフラクタル次元に対する下限となっている（6.2 節参照）．

b. 写像によるカオス

前項で，奇妙なアトラクターが作られる原因が，折りたたみにあることを述べた．そこで，折りたたみにかかわる性質をもう少し詳しく調べてみることにしよう．

まず，最も基本的な 1 自由度の写像

$$x_{n+1}=r \cdot x_n \cdot (1-x_n), \quad 0 \leqq r \leqq 4 \tag{3.10}$$

を考えることにする．図 3.7 からもわかるように，区間 $[0,1]$ は，写像するごとに 1 回折りたたまれる．この写像は，ロジスティック写像と呼ばれ，多くの人によって，細かな性質まで詳しく調べられている．

r を変えていったときの x_n の漸近的ふるまいの変化は，次のようにまとめられる[11]．

(1) $0 \leqq r < 1$ では，x_n は単調減少で，$n \to \infty$ のとき $x_n \to 0$ となる．

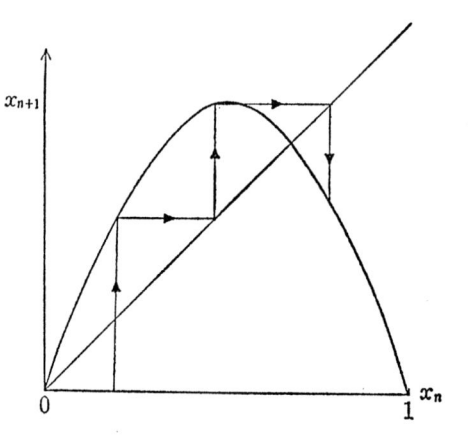

図 3.7 ロジスティック写像
写像されるごとに点は矢印のように移動していく．

(2) $1 \leqq r \leqq 2$ では，x_n は単調に増大し，$x_n \to 1-\dfrac{1}{r}$ となる．

(3) $2 < r \leqq 3$ では，x_n は減衰振動を伴いながら $1-\dfrac{1}{r}$ に漸近する．

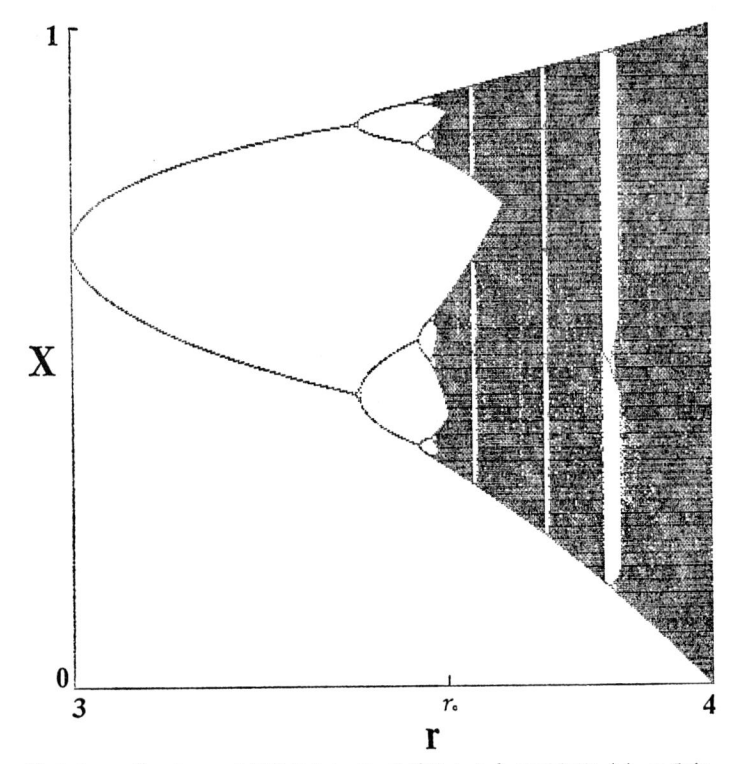

図 3.8 ロジスティック写像において r を変えたときの平衡値 (x) の分布

(4) $3 < r \leqq 1+\sqrt{6} = 3.449$ では, x_n は 2 周期振動に漸近する.

(5) $1+\sqrt{6} < r \leqq 4$. この領域における x_n の平衡値の変化は, 非常に複雑である. その様子は, 図 3.8 に示してある. まず, r の増加とともに, 4 周期, 8 周期, …… と 2^n 周期が次々と出てくる. 2^∞ 周期が現われる r は, およそ 3.57 である. 黒くぬりつぶされた部分は, 平衡値が稠密に分布していることを示しており, x_n の変動はカオス的になっている. ところどころ白くぬけている部分があるが, そこは窓と呼ばれており, 周期的運動になっていることを示している.

このように, 写像の場合には, 1 自由度でもカオスが生じるのである.

とくに, 2^n 周期が次々と現われる領域においては, 次のような規則性があることが証明されている. 2^n 周期が初めて現われる r の値を r_n としたとき, 十分大きな n に対して,

$$\frac{r_n - r_{n-1}}{r_{n+1} - r_n} \fallingdotseq \delta = 4.669\cdots \tag{3.11}$$

が成り立ち，また，振動数 $\omega = \omega_0/2^n$ の周期運動と，その半分の振動数の周期運動のスペクトル強度の比について，

$$\frac{S(\omega_0/2^n)}{S(\omega_0/2^{n+1})} \fallingdotseq \mu = 6.57\cdots \tag{3.12}$$

が成り立つ[12]．ここで，新しくでてきた定数 δ と μ は，ロジスティック写像に限らず，2^n 周期が次々と出現してカオスを生じるような系では，いつでも同じ値をとる普遍的な定数であり，実験的にもある程度は実証されている[13]．このような関係式が成立するのは，2^{n-1} 周期が不安定化して 2^n 周期の生じる過程と，2^n 周期が不安定化して 2^{n+1} 周期の生じる過程とが自己相似的であることに起因している．

図3.8では，はっきりとはわからないかもしれないが，r_∞ よりもさらに r を大きくしていくと，7周期，5周期，3周期運動などが安定化する窓が現われてくる．一度カオス的になった運動が，パラメータを変えていくと周期運動に戻ることは興味深い．1自由度の写像の周期に関しては，シャルコフスキーの順序と呼ばれている次の定理が知られている[11]．

次のような自然数の順列を考える．
$$3, 5, 7, \cdots, 2n+1, \cdots, 2\cdot 3, 2\cdot 5, 2\cdot 7, \cdots, 2^2\cdot 3, 2^2\cdot 5, \cdots, \cdots, 2^n\cdot 3, 2^n\cdot 5, 2^n\cdot 7,$$
$$\cdots, \cdots, 2^n, 2^{n-1}, \cdots, 2^2, 2, 1 \tag{3.13}$$

この順列のなかの勝手な自然数を p とし，それよりも後ろに並んでいる自然数の1つを q とする．実数の連続関数 $f(x)$ による写像

$$x_{n+1} = f(x_n) \tag{3.14}$$

に関して，もし p 周期点が1つでも存在すれば，任意の q に対して q 周期点が存在する．

この定理は，数列 (3.13) の初めの方の数字は，後の方の数字に比べると，その数字を周期とする運動が起こりにくいことを意味している．図3.8を細かく解析すればわかるが，実際，ロジスティック写像では，r を増加していったとき，(3.13) に示される数列の終わりの方から順に，その数を周期とする運動が実現されている．

この定理はまた，3周期点が存在すれば，任意の周期点が存在することも意味している．このことをさらに拡張したのが，有名なリー・ヨークの定理である[14]．

$f(x)$ を区間 I から I 自身への連続な写像とし,次の条件が満足されているとする.

「I の中に 4 点 a,b,c,d が存在し,次のことが成立する.

$$d \leq a < b < c, \quad \text{かつ}, \quad f(a)=b, \ f(b)=c, \ f(c)=d$$」

このとき,以下に述べるようなことが成立する.

(1) すべての自然数 k について k 周期点がある.

(2) 区間 I の中に非可算集合[*1] s があり,p と q を s の異なる 2 点とすると,次式を満たす.

$$\lim_{n\to\infty} \sup |f^n(p)-f^n(q)| > 0$$

$$\lim_{n\to\infty} \inf |f^n(p)-f^n(q)| = 0$$

(3) p を s の中の任意の点,q を任意の k 周期点とすると,次式が成り立つ.

$$\lim_{n\to\infty} \sup |f^n(p)-f^n(q)| > 0$$

この定理における条件は,$d=a$ の場合には 3 周期点が存在することに対応しており,拡張された 3 周期条件と呼ばれている.定理の(3)は,漸近的にも周期点にならないような点が無限個存在することを意味し,定理の(2)は,それらの点は何度か写像を繰り返すことによって,いくらでも近づきうるということを意味している.ロジスティック写像において 3 周期点が現われるのは,$r \fallingdotseq 3.8284$ であり,それよりも大きな r に対しては,リー・ヨークの定理が成立している.

ロジスティック写像(3.10)は,歴史的には,人口の増減のモデルであるロジスティック方程式

$$\frac{d}{dt}u = (\varepsilon - hu)u \quad (\varepsilon, h: \text{正定数}) \tag{3.15}$$

を,オイラー差分[*2]することによって得られた.この微分方程式を差分化した式

$$\frac{u_{n+1}-u_n}{\Delta t} = (\varepsilon - hu_n)u_n \tag{3.16}$$

において,

$$r = 1 + \varepsilon \Delta t$$

[*1] 自然数と 1 対 1 の対応がつけられないような集合のこと.無理数の集合や,実数の集合は,非可算.

[*2] 常微分方程式を差分によって近似的に解くときに,時間微分を,現在の時刻と 1 つ先の時刻の値の差に置き換える方法.差分近似は,コンピュータの発展に伴っていろいろ開発されており,より精度の高いルンゲ・クッタ法などがある.

$$x_n = \frac{h\Delta t}{1+\varepsilon\Delta t} u_n \tag{3.17}$$

とおくことによって，(3.10) 式が得られるわけである．微分方程式 (3.15) の解は，任意の初期値 $u(0)>0$ に対して容易に解析的に求めることができ，単調に平衡値 ε/h に漸近することがわかる．このように，単純な解しかもたないような微分方程式を差分化した方程式 (3.10) において，差分間隔 Δt をある程度大きくすると，元々の解とは似ても似つかぬカオス解が生じるのである．このことは，ロジスティック方程式に限ったことではなく，一般に常微分方程式を差分化したとき，差分間隔が十分に小さくない場合にはカオス解をもつことが示されている[1]．したがって，微分方程式を差分化して数値的に解く場合には，得られた解が元の方程式の解のよい近似になっているかどうかを，常に慎重に吟味しなければならない．

　1自由度の写像に関して，シンボリックダイナミックスという興味深い考え方がある．ロジスティック写像 ((3.10) 式) は，$r=4$ の場合，変換

$$y_n = \frac{2}{\pi}\sin^{-1}\sqrt{x_n} \tag{3.18}$$

を施すことによって，折れ線形写像 (図 3.9)

$$y_{n+1} = \begin{cases} 2y_n & 0 \leq y_n \leq 0.5 \\ 2-2y_n & 0.5 \leq y_n \leq 1 \end{cases} \tag{3.19}$$

となる．この写像において，初期値 y_0 を決めれば，$y_1, y_2, \cdots, y_n, \cdots$ が順次求められるが，y_n が 0.5 よりも小さい場合に 0，大きい場合に 1 というシンボル（記号）を対応させることを考える．解の数列 $\{y_n\}$ を，0 と 1 という 2 個のシンボルの列 $\{\omega_n\}$ に簡単化して置き換えるわけである．このようにして得られたシンボル列 $\{\omega_n\}$ を，初期値 y_0 に対する解と呼ぶことにしよう．ロジスティック写像において x_n がカオス解をもっていたことに対応して，解 $\{\omega_n\}$

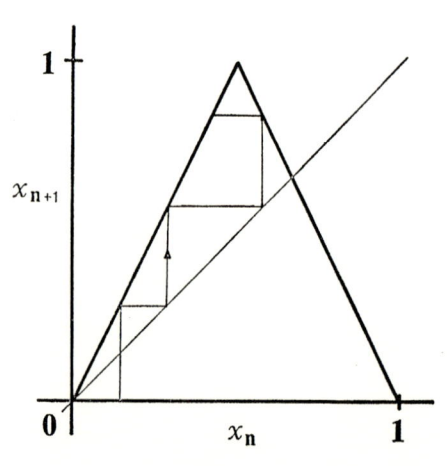

図 3.9 折れ線形写像（テント写像とも呼ぶ）

の中の0と1の順列もきわめてランダムである．初期値 y_0 を決めれば，もちろん，$\{\omega_n\}$ は完全に決定的なのであるが，0と1のでかたは，硬貨を何回も投げて，表がでれば0，裏がでれば1を対応させて作ったランダムな数列と，ほとんど同じになっているのである．このように，写像を有限個のシンボルに対応させて，そのシンボルの変化を扱う方法を，シンボリックダイナミックスという．

初期値 y_0 を与えたときの解 $\{\omega_n\}$ を求めることを考えてみよう．まず，シンボル列 $\{\omega_n\}$ を区間 $[0,1]$ の実数 z に対応させておくと便利である．そのためには，ω_n を，z を2進数展開したときの小数第 $n+1$ 位の数字であるとすればよい．つまり，

$$z = \sum_{n=0}^{\infty} \omega_n \cdot 2^{-n-1} \tag{3.20}$$

とするのである．$\{\omega_n\}$ を与えれば z が決まるので，問題は，$y_0 \in [0,1]$ を与えたとき，$z \in [0,1]$ がどうなるか，ということになる．ここで，2進数表示した z の小数点以下を1桁ずらし，小数第1位に0をつける変換 f_0 と，小数第1位に1をつける変換 f_1 を考える．これらは，次のように表わすことができる．

$$f_0(z) = \frac{1}{2}z \tag{3.21}$$

$$f_1(z) = \frac{1}{2} + \frac{1}{2}z \tag{3.22}$$

これらの変換は，解のシンボル列 $\{\omega_n\}$ に戻って考えれば，y_n の写像 (3.19) を1回さかのぼることに対応する．したがって，初期値 y_0 は，f_0 と f_1 によって，次のように変換されることになる．

$$f_0 : y_0 \to \frac{1}{2}y_0 \tag{3.23}$$

$$f_1 : y_0 \to 1 - \frac{1}{2}y_0 \tag{3.24}$$

(3.21)〜(3.24) 式を組み合わせれば，次のような方程式が得られる．

$$z\left(\frac{y_0}{2}\right) = \frac{1}{2}z(y_0) \tag{3.25}$$

$$z\left(1 - \frac{y_0}{2}\right) = \frac{1 + z(y_0)}{2} \tag{3.26}$$

これらの方程式を解くことによって，解 z が，初期値 y_0 の関数として求められる．(3.25) 式において，$y_0 = 0$ とすれば，$z(0) = 0$ が得られる．次に，(3.26) 式の y_0 を0とすることにより，$z(1) = 1/2$ となる．これらの方程式は，このように

代入を繰り返すことによって，完全に解くことができる．図3.10は，y_0 と z の関係を図示したものである．初期値 y_0 に対する解 z のふるまいが，いたるところ不連続で，しかも，フラクタル的構造になっていることは，大変興味深い．とくに $z(y_0)$ が不連続であるということは，無限に近い2つの初期値を考えたとき，それらの解に有限の差異が生じることを意味している．なお，このグラフを，z を与えたときに y_0 を決めるグラフであるとみなすことも可能で

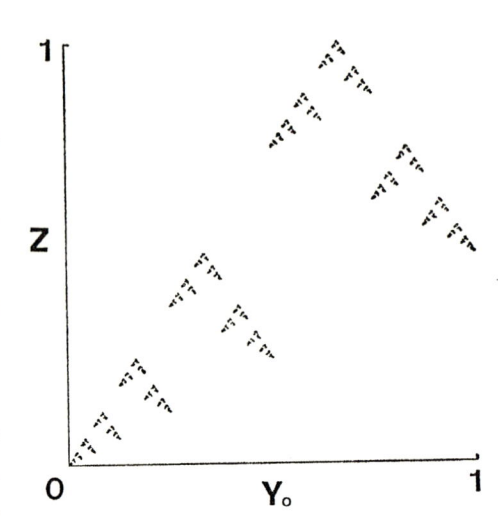

図 3.10 折れ線形写像における初期値 (y_0) とシンボル列 (z) の関係

ある．すなわち，シンボル列 $\{\omega_n\}$ を与えれば，それを解とする初期値 y_0 が求められるというわけである．

c. **写像によるフラクタル**

この項では，簡単な写像が複雑なフラクタル図形を生じる例をいくつか紹介する．

平面から平面への写像

$$\vec{x}_{n+1} = \vec{f}(\vec{x}_n) \tag{3.27}$$

を考えたとき，$n \to \infty$ において $|\vec{x}_n| \to \infty$ にならないような初期値 $\{\vec{x}_0\}$ の集合を，ジュリア集合と呼ぶ．非常に簡単な写像について，ジュリア集合がフラクタルになる例が知られている．たとえば，平面を複素数 z によって表わすとしたとき，複素数のロジスティック写像

$$f(z) = az(1-z) \tag{3.28}$$

の場合がそうである．$a=3.3$ のときのジュリア集合は，図3.11のようになっている．これは，ひょうたんのような図形が自己相似的に連結してできており，フラクタルであることがわかっている．このように簡単な写像の中に，これほど複

図 3.11 複素平面におけるロジスティック写像のジュリア集合
$a=3.3+0i$ の場合で,左端と右端の点はそれぞれ,$0+0i$ と $1+0i$.縦は横の 8/5 倍拡大してある(プログラムリスト 7)

雑な形が潜んでいることは驚くべきことではなかろうか？

代数方程式や超越方程式の解をニュートン法* によって求める場合には,必ず (3.27) 式のような写像を用いることになる.方程式の解のうちの特定な解に漸近するような初期値の集合も,またフラクタル構造になることが知られている.きわめて近くの2点を初期値にしても,異なる解に漸近することが,しばしば起こるわけである.

最近,2つ以上の縮小写像の不変集合が,非常にたくさんのフラクタル図形を表わしうることが発見された[15].$f_1, f_2, \cdots, f_n$ を同じ不動点をもたないような R^d から R^d への縮小写像であるとする.縮小写像とは,2点間の距離が,写像することによって短くなるような写像のことである.このとき,次の式を満たすような集合 X を不変集合という.

$$X = f_1(X) \cup f_2(X) \cup \cdots \cup f_n(X) \tag{3.29}$$

ここで,∪は共通集合(和集合)を表わす.たとえば,$n=2$ のとき,$d=1$ で,

---

* 数値的に方程式 $f(x)=0$ の根を求める方法.$f(x)$ の微分 $f'(x)$ が 0 でないとき,$x_{n+1} = x_n - f(x_n)/f'(x_n)$ とすると x_{n+1} は x_n よりも,真の解に近くなる.これを繰り返すことにより,根が求められる.

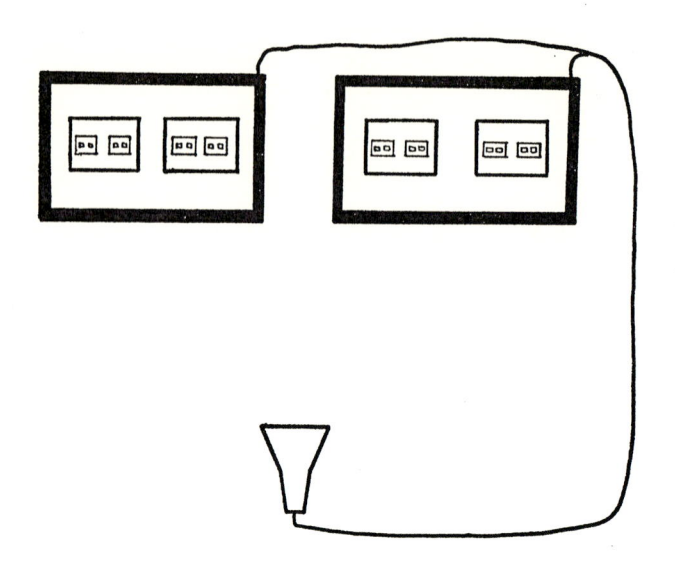

図 3.12 2台のテレビと1台のテレビカメラによってカントール集合を映し出す方法

$$f_1(x) = \frac{x}{3}, \quad f_2(x) = \frac{2+x}{3} \qquad (3.30)$$

とすれば，(3.29) 式を満足する x は，カントール集合となる．また，$d=2$（複素平面）で，

$$f_1(z) = \alpha \bar{z}, \quad f_2(z) = (1-\alpha)\bar{z} + \alpha$$
$$\alpha = \frac{1}{2} + \frac{\sqrt{3}}{6}i \qquad (3.31)$$

ならば，x はコッホ曲線となる（$\bar{z}$ は z の複素共役）．また，R^2 上で

$$f_1\begin{pmatrix}x\\y\end{pmatrix} = \frac{1}{2}\begin{pmatrix}x\\y\end{pmatrix}, \quad f_2\begin{pmatrix}x\\y\end{pmatrix} = \frac{1}{2}\begin{pmatrix}2-x\\1+y\end{pmatrix} \qquad (3.32)$$

とすれば，前項の図 3.10 が得られる．このようにして，規則的な（ランダムでない）フラクタルは，ほとんどこの形式によって表現することができるのである．フラクタルをこのような簡単な形式で表現することは，フラクタルの応用上，きわめて重要な意味をもつと期待されている．

縮小写像によるフラクタルの考え方を応用すると，2台のテレビと1つのテレビカメラによって，カントール集合を作ることができる．図 3.12 のように，テレビカメラの前に2台のテレビを並べ，カメラの像を映しだすのである．テレビ

の画面には2台のテレビが映り，そのテレビの中にもまた2台のテレビが映る．…その極限がカントール集合となるのである．

3.3 ランダムクラスター

a. パーコレーション

2.4節で紹介したパーコレーションは，コンピュータによって非常に簡単にシミュレートすることができる．2次元，または3次元の正方格子を考え，格子上

図 3.13 パーコレーションのシミュレーションの例（$p=0.6$）
下図は，最大のクラスターだけを取り出したもの（プログラムリスト8）

に点をランダムに分布させる．これらの点を金属とみなし，隣り合う格子上に点が並んでいれば，それらは連結しているものとする．点の存在確率pを変えることにより，相転移点p_cを推定したり，クラスターのフラクタル次元を求めたりすることができる（図3.13参照）．

クラスターのフラクタル次元は，次のようにして計算される．s個の点からなるクラスターに着目したとき，それらの平均半径R_sを次のように定義する．

$$R_s \equiv \left\langle \left(\sum_{i=1}^{s} \frac{r_i^2}{s} \right)^{1/2} \right\rangle \tag{3.33}$$

ここで，r_iはクラスターの重心からi番目の点までの距離を表わし，$\langle \cdots \rangle$はs個の点からなるクラスターすべてについての平均を意味する．R_sがsのベキに比例するとき，クラスターはフラクタルであり，その次元をDとすれば，

$$R_s \propto s^{1/D} \tag{3.34}$$

という関係を満足することになる．

シミュレーションの結果，臨界点においては，(3.34)式の関係が成立しており，フラクタル次元は，空間が2次元，3次元の場合，それぞれ1.79, 2.13になっていることがわかっている[16]．2.4節で述べた平面上のパーコレーションクラスターのフラクタル次元の実験値は1.9であったので，ほぼ一致しているといってもよいだろう．

pの値が臨界値よりも小さい場合には，関係式 (3.34) の成立する範囲には制限があるが，フラクタル次元は定義できる．その値は，空間が2次元の場合には1.67であり，3次元空間の場合には2.0程度になることが知られている[16]．

以上の結果は，正方格子上でのシミュレーションによって得られたものであるが，実は，パーコレーションは格子の形に依存する．たとえば，空間が2次元の場合の臨界値p_cは，正方格子では0.59であるが，蜂の巣格子では0.70, 3角格子では0.50となるのである[17]．パーコレーションクラスターのフラクタル次元も，格子の形に依存すると思われるが，詳しいことはまだあまり調べられていないようである．

b. スピン系のクラスター

相転移を起こす磁性体のモデルのうちで，最も簡単でよく知られているのが，イジングモデルである．このモデルでは，スピンが格子状に並んでおり，各スピ

ンは+1または-1という値だけをとりうる．系の全エネルギー E は，次式によって与えられる．

$$E = -J \sum\sum s_i s_j - H \sum_i s_i, \quad s_i = \pm 1 \tag{3.35}$$

ここで，$\sum\sum$ は最近接格子についての和を表わし，J と H は，それぞれ，結合の強さと外場の強さを示す数である．熱平衡状態では，全エネルギーが E であるような状態が生じる確率 W は，温度を T としたとき，

$$W \propto e^{-E/k_B T} \tag{3.36}$$

によって与えられる（k_B はボルツマン定数）．

実際にシミュレーションを行う場合には，次のようにする．まず，初期のスピンの状態を適当に決める．次に，ランダムに1つのスピンを抽出し，そのスピンの符号を変えた場合のエネルギーを (3.35) 式によって求め，その状態の生じる確率を (3.36) 式によって計算する．そして，そのスピンの符号を変えるかどうかをその確率に従って決める．新たに別のスピンをランダムに抽出し，同じ操作を繰り返す．十分多くの回数この操作を繰り返すことにより，熱平衡状態がシミュレートされる．

2次元，3次元空間中のイジング系は，有限の温度 T_c で相転移を起こすことが知られている．$T < T_c$ の場合には，スピンが自発的にそろい強磁性を示すが，$T > T_c$ の場合にはスピンの向きがバラバラになり自発磁化が0となるのである．2.4節で触れたように，ちょうど臨界点 $T = T_c$ では特徴的な長さが発散し，同じ符号のスピンが形作るクラスターの形や分布がフラクタルになる．シミュレーションの結果，空間が2次元，3次元の場合のクラスターのフラクタル次元は，1.88, 2.43程度であることが知られている[18]．

なおイジング系において，H/T を有限にしたままで $T \to \infty$ とすると，近接格子との相互作用 J が無視できるようになり，このスピン系を前項のパーコレーション系と同一視することができるようになる[19]．

3.4 放電と破壊のパターン

放電は，電気的な意味での破壊現象であり，岩石などの脆性破壊*と似た性質

---

* 固体材料などが，ほとんど変形をしないまま，ひび割れなどによって，突然破壊する現象．

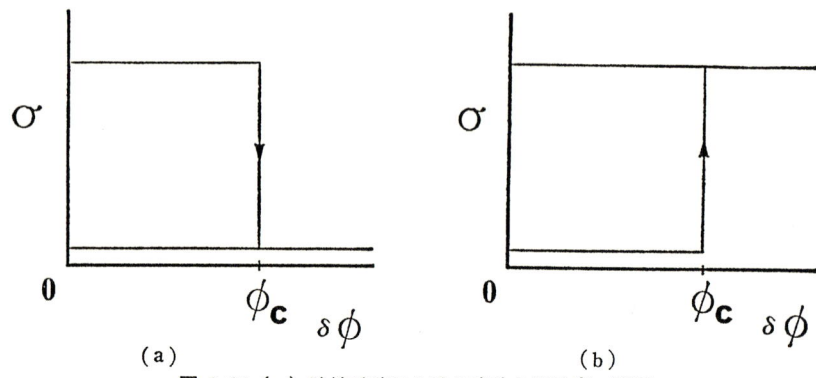

図 3.14 (a) 脆性破壊における変位と剛性率の関係
(b) 電気的破壊における電位と電気伝導度の関係

をもつことが期待される．実際イナズマなどの放電パターンは，コンクリートなどにできるひび割れの形とよく似ているようにも思える．電気的な破壊によるパターンと脆性破壊によるパターンが，どちらも同じメカニズムによって生じていることを，著者は最近明らかにした[20]．しかし，すべてが同じではなく，興味深い相違点があることもわかった．ここでは，これらのことを紹介する．

まず，両方の破壊現象をモデル化するために，破壊の素過程を考えてみる．脆性破壊の素過程としては，ガラスのような物質でできた棒の両端をひずませて破壊することを考えればよい．棒の両端の変位 $\delta\phi$ が十分小さい間は，棒は弾性体としてふるまう．ところが，変位がある臨界値 ϕ_c を越えると，棒は壊れ，変位に応答する力はほとんど0になる．棒のこのような変化は，棒の剛性率* σ の，変位 $\delta\phi$ に対する非線形不可逆な応答によってモデル化することができる．すなわち，図3.14(a)のように，$\delta\phi$ が ϕ_c よりも小さいところでは剛性率 σ は一定の大きな値をとり，$\delta\phi$ が ϕ_c を越えると σ が非常に小さな値（完全な破壊の場合には0）になり，一度小さくなった σ は，$\delta\phi$ が ϕ_c よりも小さくなっても元に戻らない，とすればよい．

電気的な破壊も，同じように考えることができる．1つの抵抗の両端に電圧をかけたとき，その電圧が小さい間は電気伝導度は一定であるが，電圧が臨界値を越え抵抗が破壊すると電気伝導度が大きくなる．一度壊れた抵抗は，元に戻らな

---

* せん断（または，ずれ）の力に対する弾性率のこと．力とひずみの間にフックの法則が成り立つときの比例定数．

いものとすれば，脆性破壊の場合と同様な応答の不可逆性を仮定しておけばよい．電圧，臨界値，電気伝導度を脆性破壊と同じ記号，$\delta\phi, \phi_c, \sigma$で表わすことにすると，$\delta\phi$に対する$\sigma$の応答は，図3.14(b)のようになる．この図より明らかなように，脆性破壊と電気的破壊では，破壊が起こったときのσの応答の大小が逆である．

さて，これで素過程のモデル化はできたので，次にこのような棒や抵抗が網状に結合した，平板のような構造を考える．脆性破壊の場合には，面に垂直な一定の変位（面外せん断）を平板の両端に加えるような状況を，電気的破壊の場合には，平板の両端に定電圧をかけるような状況を設定する．実は，このような場合には，両者の満たす方程式と境界条件とが式の上ではまったく同一になることが示される．簡単のため，連続化した式で書き下すと，その方程式は次のようなものになる．

$$\vec{\nabla}\cdot(\sigma\vec{\nabla}\phi)=0 \tag{3.37}$$

ここで，σは剛性率または電気伝導度で，ϕは面に垂直な変位または電位を表わす（$\vec{\nabla}=(\partial/\partial x, \partial/\partial y)$）．この方程式は，脆性破壊の場合には，板に垂直な方向の力のつり合いより，また電気的破壊の場合には，オームの法則とキルヒホッフの第1および第2法則より導かれる．網状に差分化されている場合には，(3.37)式は棒（または抵抗）の数と同じ数の連立1次方程式となり，その方程式は，コンピュータによって数値的に解くことができる．

次に，これらの系の時間発展を考える．厳密に時間を含めた方程式を考えるのは，非常に大変なので，以下のような手順によって，離散的に時間を進めることにする．

（1） ϕの境界条件と，σの初期条件を与える．
（2） (3.37)式を解き，各点のϕの値を求める．
（3） 各々の棒（抵抗）の両端の変位（電位）の差を調べ，もしも，それがϕ_cよりも大きかったならば，棒（抵抗）は破壊したものとみなし，σを小さな（大きな）値に置き換える．ただし，このとき，既に破壊しているものは除く．
（4） もしも，手順(3)で新たに1つも破壊が起こらなかったならば，終了する．そうでない場合は，手順(2)に戻る．

この手順を見ればわかるように，方程式 (3.37) を解くことと，破壊のチェック

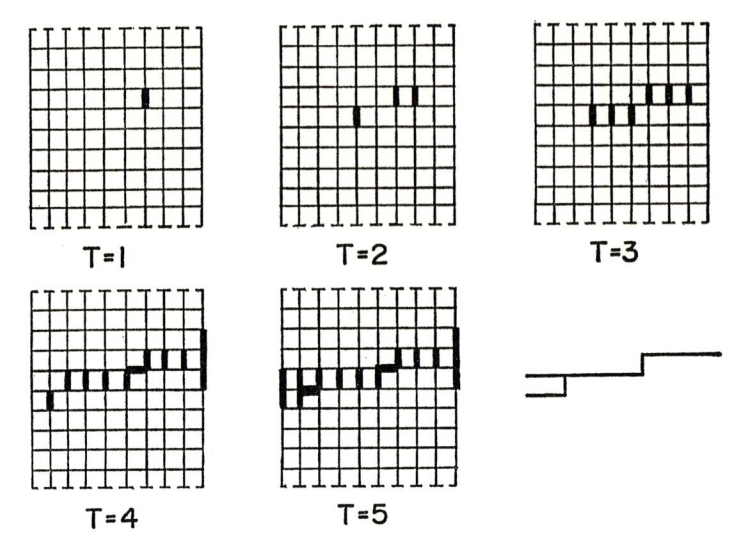

図 3.15(a)　脆性破壊の時間発展の例
太線が破壊された棒を示す．右下の図は，$T=5$ におけるパーコレーションクラスター（ひび割れ）の形．境界条件として上端と下端の ϕ の値を固定している．

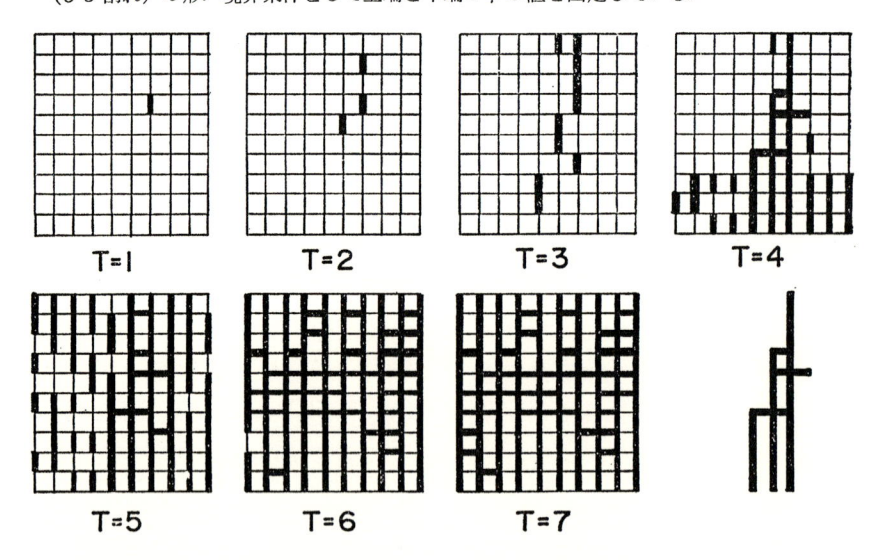

図 3.15(b)　電気的破壊の時間発展の例
初期条件，境界条件等は(a)とまったく同じ．右下の図は，$T=4$ におけるパーコレーションクラスター

を繰り返すことによって，時間を進めるわけである．σの初期条件としては，一様ではつまらないので（一斉に破壊が起こるだけ），各棒（抵抗）ごとにランダムな値を与えるようにしておく．

図3.15(a)と図3.15(b)は，10×10の網の場合におけるそれぞれの破壊の時間発展の様子を示したものである．太い線が破壊された部分を示しているが，時間とともに破壊が広がっていく様子がよくわかる．どちらの場合にも同じような破壊のパターンができているが，次のような相違点がある．脆性破壊では，破壊は横に進み，破壊が両端を結ぶと破壊は止まる．それに対して，電気的破壊では破壊は縦の方向に進み，破壊は両極板を結んでも止まらずに，全面を破壊するまで続く．非常に興味深いのは，両者の初期条件，境界条件，臨界値，さらに解いている方程式も同一で，異なるのはσの応答の大小だけであることである．脆性破壊と電気的破壊は，同一の方法でシミュレートすることができるが，σの応答が両者の間で逆になっているだけで，結果は随分と異なってくるのである．

σの応答の大小によって生じる相違は，これらだけではない．破壊の進行速度も両者の間では異なることがわかっている．破壊された棒（抵抗）の数が，脆性破壊では時間ステップTのベキ乗に比例するのに対し，電気的破壊では指数関数的に増加するのである．さらに，σの応答を可逆にしてみると，両者の違いがさらにきわだってくる．一度壊れた棒（抵抗）でも，両端にかかる変位（電位）の差が，臨界値よりも小さくなれば，元に戻るようにしてみるのである．脆性破壊の場合には，このようにしても得られる結果は，ほとんど変わらない．ところが，電気的破壊の場合には，まったく異なった結果が生じる．図3.16は，図3.15(b)とまったく同じ条件で解いたものであるが，破壊が極板を結ばないだけでなく，振動がいつまでも残っている．このことが，実は次に述べるように，フラクタル構造が形成されるために必要な，大切な条件を明らかにしているのである．

さて，破壊におけるフラクタル構造は，破壊が両端を結んだ瞬間に観測される．すなわち，図3.15(a)の$T=5$，図3.15(b)の$T=4$における両端を結ぶパーコレーションクラスターが，フラクタル的性質をもっているのである．図3.17は，より大きな系でのパーコレーションクラスターである．どちらも適当に分岐をもっており，小さな系でのパーコレーションクラスターとよく似ている．これらの構造は，フラクタル的であり，その次元は，どちらの場合にも，およそ1.6

96   3. コンピュータのフラクタル

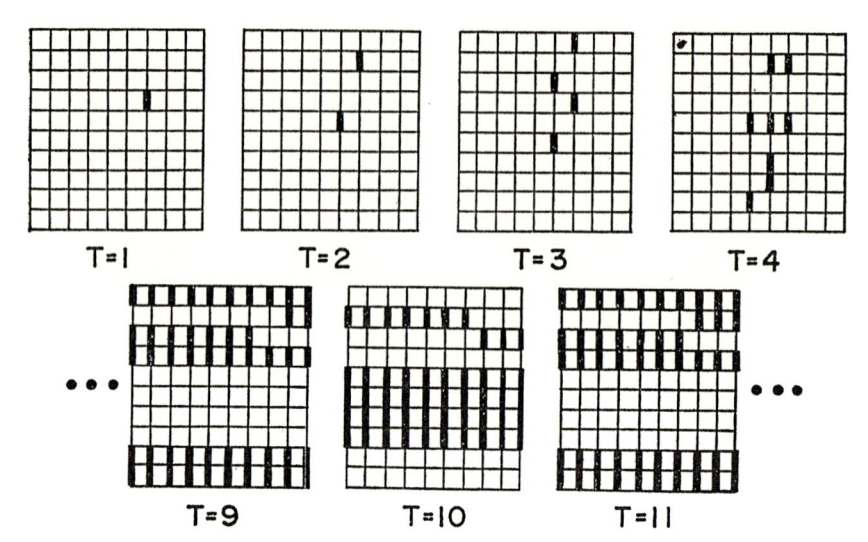

図 3.16 抵抗が可逆な応答をする（復元性を有する）場合の電気的破壊の時間発展 初期条件等は，図 3.15(b) と同じ

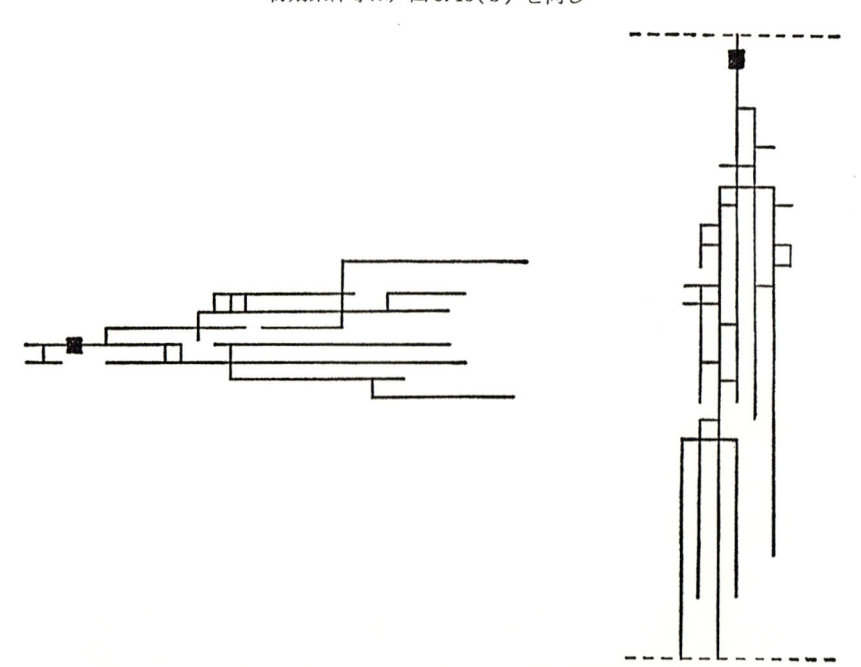

図 3.17 32×32 の格子上にできたひび割れの形（左図）と放電の形（右図）

となることが調べられている．つまり，脆性破壊の場合には，破壊の最終状態として，フラクタル的なパーコレーションクラスターが生じるのである（それが，ひび割れである）．ところが，電気的破壊の場合には，上手に条件をそろえないとフラクタル構造はできない．電気的破壊が起きても，すぐに回復してしまうようでは，先に述べたように，振動が生じ，フラクタルにはならない．さらに，破壊を不可逆にしておいても，境界条件を固定しておくと，フラクタル構造は，一瞬だけできるが，すぐに消えてしまう．実際に，ひび割れは安定して残るのに対し，イナズマが一瞬だけしか見られないのは，このような理由によるのであろう．

この節の最後として，少しコメントしておきたいことがある．それは，2.4節で述べた微粒子の凝集体とヴィスカスフィンガーとの関連である．実は，ϕとσに適当な意味をもたせることによって，これらの現象も，方程式(3.37)を満足していることが，最近わかってきたのである．(3.37)式は，非常に基本的な，保存を表わす式なので，そのこと自体は当然かもしれない．ここでいいたいのは，このような基本的で，しかもよく知られた方程式の中に，いろいろなフラクタル構造を解明するヒントが潜んでいるということである．従来の解析では，滑らかな対称性のよい解だけしか考えてこなかったが，(3.37)式の解の中には，たくさんのフラクタル，とくに樹枝状のフラクタルが含まれているはずである．この方程式の自発的に対称性の破れた解を研究することは，自然界に存在する多くの樹枝状のフラクタル構造（たとえば，川や血管や植物など）の起源を明らかにするための，重要な鍵であると思われる．

3.5 ランダムウォーク

コンピュータシミュレーションにおいて，ランダムウォークは，非常に多くのところで使われている．ランダムウォークそのものが研究の対象となる場合もあるし，ランダムウォークの副産物を利用して，別の問題を解析することもある．本書でとり上げている話題の中でも，たとえば，1.4節のレビのダストや4.2節のフラクタル上でのランダムウォーク，そして5.4節の非整数ブラウン運動などは前者に，3.1節の凝集体のモデルは後者に属するといえよう．この節では，それ自身興味深く，またいろいろなものへの応用も考えられている自己回避ラン

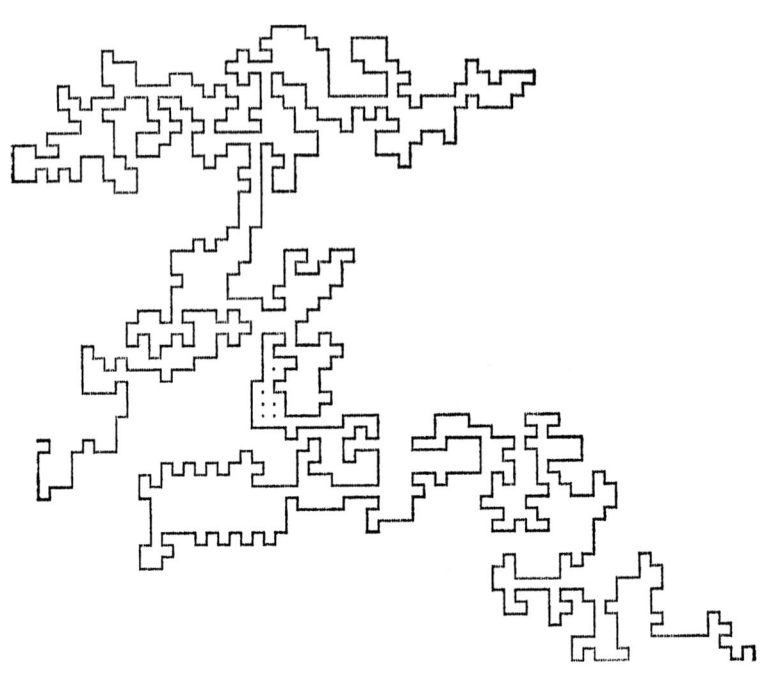

図 3.18 平面上の自己回避ランダムウォークの例(プログラムリスト 9)

ダムウォークについて述べる.

　自己回避ランダムウォークとは,軌跡が交点をもたないようなランダムウォークのことである.軌跡が交点をもたないという条件は,一見,簡単そうに思えるが,この条件を付加するだけで,理論的に厳密な解析は,きわめて困難になる.というのは,1度通った点を2度と踏まないようにすることは,過去の軌跡すべてが,現在の粒子の運動に制約をつけることになるからである.マルコフ的*なランダムウォークは理論的に解析しやすいが,過去の影響がいつまでも残る場合の解析は,一般的には,非常に困難である.そこでコンピュータが威力を発揮することになる.格子上のランダムウォークの軌跡を,すべて記憶しておくことは,コンピュータにとっては,たいした作業ではない.記憶容量が大きければ,それだけ精度のよい大規模なシミュレーションができることになる.とはいっても,プログラムに多少のくふうは必要である.さもないと自分の軌跡の袋小路に

---

* 確率過程のうち,時刻 t 以降のふるまいが,時刻 t における状態だけに依存し,それより過去の状態には無関係であるもののこと.

迷い込み，ぬけだすことができなくなってしまうことが起こり，ランダムウォークが止まってしまうからである（これを利用したテレビゲームを見たことがある）．図3.18は，パソコンによる自己回避ランダムウォークの例である．プログラムについては，3.7節を参照されたい．

自己回避ランダムウォークは，いろいろな現象のモデルとして利用されている．一番よい例は，高分子であろう．糸状の高分子は，自己交差をしないという条件を除けば，まったくランダムにもつれている，とみなすことができる．自己回避ランダムウォークの軌跡は，まさにこの性質をもっており，幾何学的な構造だけに着目すれば，両者を同一視することができる．糸状高分子が5/3次元程度のフラクタルになっていることを2.4節で述べたが，3次元空間にできる自己回避ランダムウォークの軌跡も，やはり5/3次元程度のフラクタルであることがシミュレーションによって確かめられている．そして，この5/3という値は，高分子に対する考察から理論的に導くこともできる（5.3節参照）．

高分子以外の応用としては，地形に関する問題が考えられている．たとえば，海岸線は，明らかに自己回避的である．複雑に入りくんだリアス式海岸などは，平面上の自己回避ランダムウォークの次元，4/3に近い値をとることが多い．川も同様である．また雲の輪郭や墨流しのフラクタル次元がおよそ4/3になっていることも偶然の一致ではないだろう．

3.6 オートマトン

複雑な組織的構造を，簡単な同一の規則による自己増殖によって作り出すことはできないだろうか？ どんな生物でも，たかだか数十本のDNAの複製過程を繰り返すことにより形作られている，という事実から考えれば，このような試みは大変有望であるといえるだろう．コンピュータによってそれを実行しているのが，オートマトン*と呼ばれている数値的なモデルである．

オートマトンは，普通，次の5つの特性をもっている（ここでは，セルオートマトンを考える）．

（1） 離散的格子点より構成される．

---

* 本来は，自動人形の意味で，意志をもたず，過去および現在に受けた刺激だけで行動が決定される自動機械のこと．本節で述べたセルオートマトンの他に，入出力変数の対応関係を定式化したりすることにより，具体的な基本素子の構成を考える分野もある．

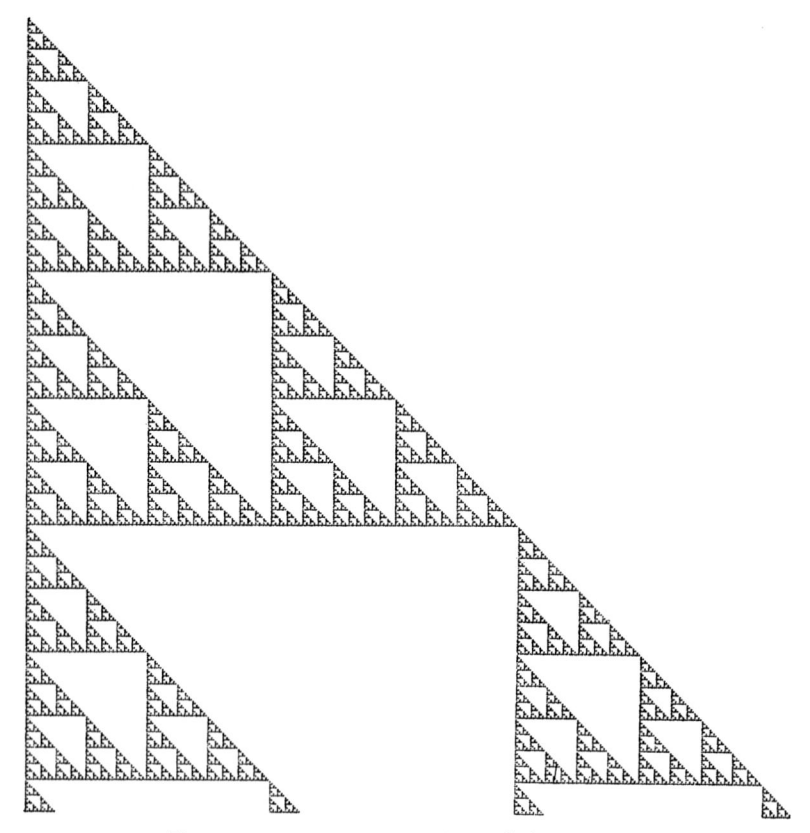

図 3.19 セルオートマトンによって生じるパターン
横軸は空間，縦軸は時間（下方が正）（プログラムリスト10）

（2） 離散的に時間発展をする．
（3） 各格子点のとりうる値は，有限個である．
（4） 各格子点の値は，同一の決定論的な規則に従って，時間発展させられる．
（5） 1つの格子点の値の時間発展は，その格子点の近傍だけで決まる．

自明でない最も簡単なオートマトンの例を示そう．$a_i(n)$ によって，時刻 n における i 番目の格子点上の値を表わすことにする．$a_i(n)$ のとりうる値は，1と0の2つだけであるとし，時間発展の規則を次のように定める．

$$a_i(n) = a_{i-1}(n-1) + a_i(n-1) \quad \mod 2 \quad (3.38)$$

ここで，mod 2 は，2で割ったときの余りを表わす．図3.19は，次の初期条件

のもとでの時間発展を示したものである．

$$a_0(0) = 1$$
$$a_i(0) = 0, \ i \neq 0 \tag{3.39}$$

この図では，値が1であるような格子点の位置を黒い点で示している．離散的時空に現われてきたパターンは，1.4節で紹介したシルピンスキーのギャスケットに他ならない．(3.38)式の規則および初期条件は局所的であるにもかかわらず，得られるパターンはフラクタルであり，大局的な組織構造をもっている．

この時間発展の規則(3.38)は，最も単純なものであり，空間の格子数Mを有限にして，周期的な境界条件にした場合の性質は，詳しく調べられている．その場合には，系のとりうる全状態数が有限個（2^M個）なので，最終的な状態は定常状態かリミットサイクル（周期的状態）かのどちらかになる．興味深いのは，定常状態やリミットサイクルの数と周期が，Mとともにどのように変化するかである．これについては，次のようなことがわかっている[21]．まず，Mが2のベキ乗（$M=2^k$）のときには，どんな初期状態から出発しても，時刻$n=M$までに，すべてが0の定常状態に落ち込む．Mが，2を原始根[*1]とするような素数のときには，すべてが0の定常状態の他に，周期が$2^{M-1}-1$のリミットサイクルが1つ存在する．Mが，この2つ以外の場合には，リミットサイクルは複数個存在する．リミットサイクルが複数個存在するということは，初期状態がわずかに違うだけで，最終状態がまったく異なる場合がありうる，ということを意味しており，オートマトンが，力学系のカオスとは違った意味で，複雑なふるまいをすることがわかる．ここに述べたことからも推測できるように，このオートマトンは整数論とのかかわりが強い．たとえば，空間の格子数が無限大で，しかもエルゴード的[*2]であるような場合があるかどうか，という物理的な問題は，アルティン（Artin, 1898—1962）の予想[*3]と呼ばれている整数論の未解決の問題に帰着する．

[*1] 自然数a, m, rに対して，a^rをmで割った余りが1になるもののうち，与えられたaとmに対して最小のrを$\mathrm{ord}_m(a)$と書く．$\mathrm{ord}_m(a) = \varphi(m)$となるとき，$a$を$m$の原始根という．ここで，$\varphi(m)$は，オイラーの関数と呼ばれる関数で，$m$の素因数分解を$m = p_1^{l_1} \cdot p_2^{l_2} \cdots p_k^{l_k}$としたとき，
$$\varphi(m) = m\left(1 - \frac{1}{p_1}\right)\left(1 - \frac{1}{p_2}\right)\cdots\left(1 - \frac{1}{p_k}\right)$$
によって定義される．

[*2] 時間平均と位相平均（状態空間での平均）が一致すること．とりうるすべての状態が，等確率で出現すること，ともいえる．

[*3] 「2を原始根とする素数は無限個ある」というのがアルティンの予想．

時間発展の規則を一般化し，Mを無限大にした場合のオートマトンのふるまいは，非常に複雑であるが，最近，ウォルフラム (Wolfram, 1959—) は，これらが次の 4 つの型に分類できることを主張し，注目を集めている．

タイプ 1. どんな初期状態から出発しても定常状態に落ち込む場合
タイプ 2. リミットサイクルに落ち込む場合
タイプ 3. 全域的な複雑な乱れが継続する場合
タイプ 4. 局在化した乱れが残り，最終状態が予想できない場合

たとえば，先に述べたフラクタルパターンの生じる規則 (3.38) は，タイプ 3 に属する．彼がとくに関心をもっているのは，タイプ 4 である．この場合には，時間発展の規則は簡単であるにもかかわらず，あらゆる理論的な解析が不可能であると予想されており，時間発展によってどのようなパターンが得られるかは，実際に 1 ステップずつ計算をして確かめてみるしかない．つまり，計算の簡約化ができないわけである．最終的な系のふるまいを知るためには，どんなに高速のコンピュータを用いても，無限の時間がかかってしまう．彼は，このことをゲーデル (Gödel, 1906—) の不完全性定理*と対比し，物理的な命題にも，その真偽を決定することが原理的に不可能なものがあるということを示唆している．

なお，上記のタイプ分けは，時間発展の規則を決めれば，ただちにできるのではなく，やはりコンピュータで試してみるしかない．ただし，先に述べた例のように，フラクタル構造が得られるような場合には，粗視化によるくりこみ群の方法 (5.1 節参照) が使え，理論的な解析によって系の最終状態を知ることができることもある．手に負えないのは，フラクタル以上に複雑な場合なのである．

3.7 パソコンのプログラムリスト

この節では，本書の中のいくつかの図を描くのに用いたパソコンのプログラムのリストを紹介する．言語は，N88-BASIC(86) で，NEC 9800 シリーズの本体と高解像度のディスプレイがあれば，そのまま打ち込むだけでよい．プログラムは，簡明さを第一に作ってあるので，他機種への移植もそれほど大変ではないと

---

* 「自然数の理論を形式化して得られる形式的体系においては，その体系が無矛盾であるかぎり，かならず A およびその否定 $\sim A$ が，ともに証明不可能な論理式 A が存在する」ということが証明されている．つまり，真であるか偽であるかを決める方法が存在しないような命題が，数学の体系の中にはある，ということ．

思う.

a. コッホ曲線（図1.1）

【リスト1】

```
100 '
110 ' VON KOCH CURVE
120 '
130 N=12:PI=3.14159
140 DIM X(2^(N+1)-2),Y(2^(N+1)-2)
150 SCREEN 2,0:CLS 3
160 WINDOW(0,-2/3)-(1,0)
170 VIEW(0,0)-(599,399)
180 '
190 A=SQR(1/3)*COS(PI/6)
200 B=SQR(1/3)*SIN(PI/6)
210 A1=A:A2=B:A3=B:A4=-A
220 B1=A:B2=-B:B3=-B:B4=-A
230 '
240 X(0)=0:Y(0)=0
250 FOR M=1 TO N
260   L2=2^(M-1)-1:L1=L2*2+1:L3=L1*2
270   FOR K=0 TO L2
280     XX=X(L2+K):YY=Y(L2+K)
290     X(L1+K)=A1*XX+A2*YY
300     Y(L1+K)=A3*XX+A4*YY
310     X(L3-K)=B1*XX+B2*YY+1-B1
320     Y(L3-K)=B3*XX+B4*YY-B3
330     PSET(X(L1+K),-Y(L1+K))
340     PSET(X(L3-K),-Y(L3-K))
350   NEXT K
360 NEXT M
```

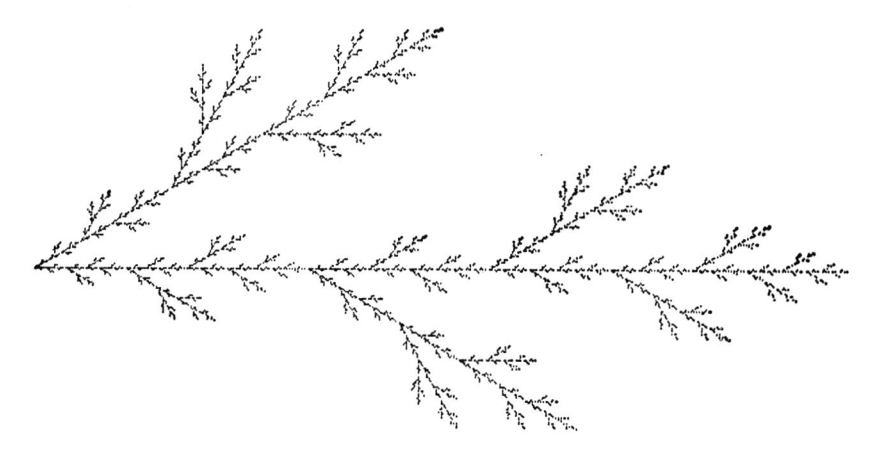

図 3.20 2つの縮小写真によって作られる枝のような図形（プログラムリスト2）

3. コンピュータのフラクタル

いろいろな描き方があるが，ここでは縮小写像による方法を使っている．縮小写像の関数型を変えてみると様々なフラクタル図形が得られる．たとえば，次のように一部分を修正すると図 3.20 のような植物を思わせる形が現われる．

【リスト 2】

```
100 '
110 ' FRACTAL BRANCH
120 '
160 WINDOW(0,-1/3)-(1,1/3)
220 C=2/3:B1=C:B2=0:B3=0:B4=-C
```

b. レビのダスト（図 1.15）

130 行目の D を変えればフラクタル次元が変わる．縮尺は，D に合わせて適当に変わるようにしてある．

【リスト 3】

```
100 '
110 ' LEVY FLIGHT 2-D
120 '
130 D=1.5
140 DD=-1/D:P2=3.14159*2
150 XL=100+10^(-DD*3.5):YL=XL
160 '
170 RANDOMIZE
180 '
190 SCREEN 3:CLS 3
200 WINDOW(-XL,-YL)-(XL,YL)
210 VIEW(0,0)-(399,399)
220 LINE(-XL,-YL)-(XL,YL),7,B
230 '
240 N=1:LOCATE 70,0:PRINT"N=";N
250 X=0:Y=0:PSET(X,Y)
260 '
270 *MAIN
280 Z=(1-RND)^DD:W=RND*P2
290 XX=X+Z*COS(W):YY=Y+Z*SIN(W)
300 X=XX:Y=YY:PSET(X,Y),1+(N/100 MOD 7)
310 N=N+1:LOCATE 70,0:PRINT"N=";N
320 GOTO *MAIN
```

c. 凝集体（図 3.2）

大きく成長させるには，数十時間を必要とする．

3.7 パソコンのプログラムリスト

【リスト4】

```
100 '
110 '         Aggregation on 2D Lattice
120 '
130 CLS 3
140 SCREEN 2
150 P=320 : Q=200          ' Location of the seed
160 R0=5                   ' Initial value of R0
170 PSET(P,Q)
180 '
190 *MAIN
200 R=R0 * 2               ' Particles appear at R
210 RMAX=R0 * 3            ' Limit of moving area
220 RX=INT((2*R+1)*RND)-R
230 RV=R-ABS(RX)
240 RY=RV*SGN(RND-.5)
250 X=RX+P : Y=RY+Q
260 '
270 *LOOP
280 XB=X : YB=Y
290 DISTR = ABS(X-P)+ABS(Y-Q)
300 IF  POINT(X,Y-1)=1 OR  POINT(X,Y+1)=1 OR
    POINT(X-1,Y)=1 OR  POINT(X+1,Y)=1  THEN  *AGGR
310 '
320 IF DISTR > RMAX THEN PRESET(X,Y) : GOTO *MAIN
330 TWD(1)=0 : TWD(2)=0
340 TWD( INT(2*RND)+1 ) = SGN(RND-.5)
350 X=X+TWD(1) : Y=Y+TWD(2)
360 PRESET(XB,YB) : PSET(X,Y)
370 GOTO *LOOP
380 '
390 *AGGR
400 PSET(X,Y)
410 IF DISTR > R0 THEN R0=DISTR
420 GOTO *MAIN
```

d. ローレンツ系（図3.4）

【リスト5】

```
100 '
110 ' LORENZ MODEL
120 '
130 X=10:Y=12:Z=15:R=50:DT=.001:T=0
140 SCREEN 2,0:CLS 3
150 DIM V(1,3),W(1,3),U(1)
160 FOR I=0 TO 1
170 FOR J=0 TO 3:READ W(I,J):NEXT J
180 FOR J=0 TO 3:READ V(I,J):NEXT J
190 WINDOW(W(I,0),W(I,1))-(W(I,2),W(I,3))
200 VIEW(V(I,0),V(I,1))-(V(I,2),V(I,3))
210 LINE(-200,0)-(200,0):LINE(0,-200)-(0,200)
```

```
220 NEXT I
230 LOCATE 37,34:PRINT"X",:LOCATE 18,3:PRINT"Z",
240 LOCATE 78,34:PRINT"Y",:LOCATE 60,2:PRINT"Z",
250 '
260 *MAIN
270 T=T+DT:LOCATE 40,0:PRINT"T=";T
280 U(0)=X:U(1)=Y
290 FOR I=0 TO 1
300 WINDOW(W(I,0),W(I,1))-(W(I,2),W(I,3))
310 VIEW(V(I,0),V(I,1))-(V(I,2),V(I,3))
320 PSET(U(I),-Z)
330 NEXT I
340 XX=X+(-10*(X-Y))*DT
350 YY=Y+(-X*Z+R*X-Y)*DT
360 ZZ=Z+(X*Y-2.66667*Z)*DT
370 X=XX:Y=YY:Z=ZZ
380 GOTO *MAIN
390 DATA -30,-100,40,5,0,50,299,349
400 DATA -40,-100,50,5,330,50,629,349
```

e. ヘノン写像のアトラクター (図 3.5)

倍精度にして一晩走らせれば図3.5が得られる．

【リスト6】

```
100 '
110 ' HENON MAP
120 '
130 DIM C(3),D(3),W(3,3),V(3,3)
140 A=1.4 :B=.3 :XC=.83:YC=.15:VC=99.5
150 D(0)=2.5:D(1)=.4:D(2)=.08:D(3)=.0125
160 C(0)=XC:C(1)=YC:C(2)=XC:C(3)=YC
170 FOR I=0 TO 3:FOR J=0 TO 3
180 W(I,J)=C(J)+(2*INT(J/2)-1)*D(I)
190 READ V(I,J)
200 NEXT J:NEXT I
210 '
220 SCREEN 2,0:CLS 3
230 FOR I=0 TO 2
240 WINDOW(W(I,0),W(I,1))-(W(I,2),W(I,3))
250 VIEW(V(I,0),V(I,1))-(V(I,2),V(I,3))
260 LINE(W(I,0),W(I,1))-(W(I,2),W(I,3)),1,B
270 LINE(W(I+1,0),W(I+1,1))-(W(I+1,2),W(I+1,3)),1,B
280 NEXT I
290 WINDOW(W(3,0),W(3,1))-(W(3,2),W(3,3))
300 VIEW(V(3,0),V(3,1))-(V(3,2),V(3,3))
310 LINE(W(3,0),W(3,1))-(W(3,2),W(3,3)),1,B
320 '
330 X=1:Y=1
340 FOR K=0 TO 20
350 XX=1+Y-A*X*X:YY=B*X:X=XX:Y=YY
```

```
360 NEXT K
370 '
380 *MAIN
390 XX=1+Y-A*X*X:YY=B*X
400 FOR I=0 TO 3
410 WINDOW(W(I,0),W(I,1))-(W(I,2),W(I,3))
420 VIEW(V(I,0),V(I,1))-(V(I,2),V(I,3))
430 PSET(XX,YY)
440 NEXT I
450 X=XX:Y=YY:K=K+1
460 LOCATE 65,1 :PRINT K
470 GOTO *MAIN
480 DATA 0,0,199,199,200,0,399,199
490 DATA 0,200,199,399,200,200,399,399
```

f. ジュリア集合（図3.11）

130行目のARとAIをいろいろ変えれば，形が様々に変化する（『フラクタル幾何学』の表紙の絵は，この方法によって描かれたものである）．また，280行目をぬけ出したときのTの値に応じて色をつけると，とてもきれいな模様を作ることができる[22]．

【リスト7】

```
100 '
110 '     JULIA SET    (F(Z)=A*Z*(1-Z))
120 '
130 AR=3.3:AI=0
140 NX=499:NY=399:R=4:TM=50
150 XL=0!:XU=1!:YL=-.25:YU=.25
160 SCREEN 2:CLS 3
170 WINDOW (XL,-YU)-(XU,-YL):VIEW (0,0)-(NX,NY)
180 DX=(XU-XL)/NX:DY=(YU-YL)/NY
190 '
200 FOR I=XL+DX TO XU-DX STEP DX
210  FOR J=YL+DY TO YU-DY STEP DY
220   ZR=I:ZI=J:T=0
230   ZR2=ZR*ZR:ZI2=ZI*ZI
240   *LOOP
250   ZZR=ZR-ZR2+ZI2:ZZI=ZI*(1-2*ZR)
260   ZR=AR*ZZR-AI*ZZI:ZI=AR*ZZI+AI*ZZR
270   ZR2=ZR*ZR:ZI2=ZI*ZI
280   IF ZR2+ZI2>R GOTO  *GO
290   T=T+1:IF T<TM GOTO *LOOP
300   PSET (I,-J)
310   *GO
320 NEXT:NEXT
```

g. パーコレーション（図 3.13）

存在確率 p に合わせて点をランダムに打つだけならば，はるかに短い（5行ぐらいの）プログラムですむことはいうまでもない．

【リスト8】

```
100 '
110 '     Percolation
120 '
130 SCREEN 3,0:DEFINT B-Z:RANDOMIZE
140 INPUT"probability p=";A :CLS 3
150 NX=20:NY=20:NX1=NX+1:NY1=NY+1
160 XX=10:YY=10:X1=XX-1:Y1=YY-1
170 DIM P(NX1,NY1),COUNT(3000):KP=1
180 '     cluster creation
190 FOR X=0 TO NX1:FOR Y=0 TO NY1
200   IF X=0 OR X=NX1 OR Y=0 OR Y=NY1 THEN P(X,Y)=-1:GOTO *NE
210   IF RND<A THEN GOTO *NE
220   LINE((X-1)*XX+1,((Y-1)*YY+1))-STEP(X1,Y1),7,BF:P(X,Y)=-1
230 *NE:NEXT:NEXT
240 LINE(0,0)-(NX*XX+1,NY*YY+1),7,B
250 '     paint routine
260 FOR X=1 TO NX:FOR Y=1 TO NY
270   IF P(X,Y)=0 THEN *PA ELSE *NE2
280 *PA:PAINT ((X-1)*XX+1,(Y-1)*YY+1),3,7
290   IF P(X-1,Y) AND P(X+1,Y) AND P(X,Y+1) AND P(X,Y-1) THEN *PB
300   FOR XP=X TO NX:FOR YP=1 TO NY
310     IF POINT((XP-1)*XX+1,(YP-1)*YY+1)=3 THEN P(XP,YP)=KP
320   NEXT:NEXT
330 *PB:PAINT((X-1)*XX+1,(Y-1)*YY+1),0,7
340   KP=KP+1
350 *NE2:NEXT:NEXT
360 '     count routine
370 FOR X=1 TO NX:FOR Y=1 TO NY
380   IF P(X,Y)<>-1 THEN COUNT(P(X,Y))=COUNT(P(X,Y))+1
390 NEXT:NEXT
400 FOR I=1 TO KP
410   IF COUNT(I)>MAX THEN MAX=COUNT(I):MAXP=I
420 NEXT
430 '     output max cluster
440 'SCREEN 3,0,1,17:CLS 2
450 FOR X=1 TO NX:FOR Y=1 TO NY
460   IF P(X,Y)<>MAXP THEN *NE3
470   LINE((X-1)*XX+1,(Y-1)*YY+1)-STEP(X1,Y1),2,BF
480 *NE3:NEXT:NEXT
```

h. 自己回避ランダムウォーク（図 3.18）

軌跡とは別に点を打つ場合があるが，それは袋小路に入り込まないために必要である．

【リスト9】

```
100 '
110 '    SELF-AVOIDING RANDOM WALK
120 '
130 K=2      'step length
140 RANDOMIZE
150 SCREEN 3 : CLS 3
160 TWD(INT(2*RND))=SGN(RND-.5)
170 X=320 : XB=X : PX(1)=TWD(0) : X=X+K*PX(1)
180 Y=200 : YB=Y : PY(1)=TWD(1) : Y=Y-K*PY(1)
190 LINE (X,Y)-(XB,YB)
200 *LOOP
210 X1=PX(1) : Y1=PY(1)
220 PX(0)=-Y1 : PX(2)= Y1 : PX(3)= X1-Y1 : PX(4)= X1+Y1
230 PY(0)= X1 : PY(2)=-X1 : PY(3)= X1+Y1 : PY(4)=-X1+Y1
240 FOR I=0 TO 4 : P(I)=POINT(X+K*PX(I),Y-K*PY(I)):NEXT I
250 IF P(0) OR P(2) OR P(3) OR P(4) <> 0 THEN *OD
260 TWD=INT(3*RND) : GOTO *WALK
270 *OD
280 SGNR=SGN(ROT) : IF SGNR=0 THEN *MA
290 TWD=1-SGNR   : IF P(TWD)=1 THEN *MA
300 GOTO *WALK
310 *MA
320 I=0
330 FOR J=0 TO 2
340     IF P(J)=0 THEN SP(I)=J : I=I+1
350 NEXT J
360 IF I=0 THEN *BACK
370 TWD=SP(INT(I*RND)) : GOTO *WALK
380 *WALK
390 ROT=ROT+TWD-1
400 PX(1)=PX(TWD) : XB=X : X=X+K*PX(1)
410 PY(1)=PY(TWD) : YB=Y : Y=Y+K*PY(1)
420 IF X<0 OR X>639 OR Y<0 OR Y>399 THEN END
430 LINE (X,Y)-(XB,YB)
440 GOTO *LOOP
450 *BACK
460 X1=PX(1) : PX(1)=-X1 : XB=X :X=X+K*PX(1)
470 Y1=PY(1) : PY(1)=-Y1 : YB=Y :Y=Y+K*PY(1)
480 LINE (X,Y)-(XB,YB),0 : PSET(XB,YB)
490 FOR I=-1 TO 1 STEP 2
500     IF POINT (X+I,Y)=1 THEN PX(1)=-I : PY(1)= 0
510     IF POINT (X,Y+I)=1 THEN PX(1)= 0 : PY(1)= I
520 NEXT I
530 IF PX(1)=-Y1 AND PY(1)= X1 THEN ROT=ROT-1
540 IF PX(1)= Y1 AND PY(1)=-X1 THEN ROT=ROT+1
550 GOTO *LOOP
```

i. **オートマトン**（図 3.19）

初期値や時間発展の規則を変えて走らせてみていただきたい．

【リスト 10】

```
100 '
110 ' AUTOMATON
120 '
130 NX=399:NT=399
140 DIM X(400),Y(400)
150 SCREEN 2,0:CLS 3
160 '
170 FOR I=0 TO NX
180 X(I)=0
190 NEXT I
200 X(1)=1
210 FOR I=0 TO NX
220 PSET(I,0),X(I)
230 NEXT I
240 '
250 FOR N=1 TO NT
260 Y(0)=(X(0)+X(NX)) MOD 2
270 PSET(0,N),Y(0)
280 FOR I=1 TO NX
290 Y(I)=(X(I)+X(I-1)) MOD 2
300 PSET(I,N),Y(I)
310 NEXT I
320 FOR I=0 TO NX
330 X(I)=Y(I)
340 NEXT I
350 NEXT N
```

j. **非整数ブラウン運動**

これは，5.4 節で述べる非整数ブラウン運動の例である．うまくフラクタル次元を選ぶと，地形の断面図を思わせるグラフが得られるはずである（図 3.21）．

【リスト 11】

```
100 '
110 '    Fractional Derivative
120 '
130 SCREEN 2 : CONSOLE 0,25,0,0
140 KMAX=100:XMAX=300
150 RANDOMIZE
160 PI2=3.14159*2:EK=PI2/XMAX*.7
170 DIM ER(KMAX),EI(KMAX),KA(KMAX),F(XMAX)
180 FOR K=1 TO KMAX
190   GOSUB *GA : ER(K)=MO
200   GOSUB *GA : EI(K)=MO
210 NEXT K
220 *SA
230 CLS
240 INPUT "Fractal Dimension (1.0-2.0) ",D
250 A=5-2*D
260 FMAX=0 : FMIN=0
270 FOR K=1 TO KMAX : KA(K)=(EK*K)^(-A/2) : NEXT K
280 FOR X=0 TO XMAX
290   F(X)=0
300   FOR K=1 TO KMAX
310     KX=EK*K*X
320     F(X)=F(X)+KA(K)*(ER(K)*COS(KX)-EI(K)*SIN(KX))
330   NEXT K
340   IF FMAX<F(X) THEN FMAX=F(X)
350   IF FMIN>F(X) THEN FMIN=F(X)
360 NEXT X
370 '
380 WINDOW (0,FMIN*1.2)-(XMAX,FMAX*1.2)
390 VIEW (0,200)-(XMAX,299)
400 FB=F(0)
410 FOR X=1 TO XMAX
420   LINE (X-1,FB)-(X,F(X))
430   FB=F(X)
440 NEXT X
450 GOTO *SA
460 *GA
470 MO=0
480 FOR GI=1 TO 10
490   MO=MO+RND-.5
500 NEXT GI
510 RETURN
```

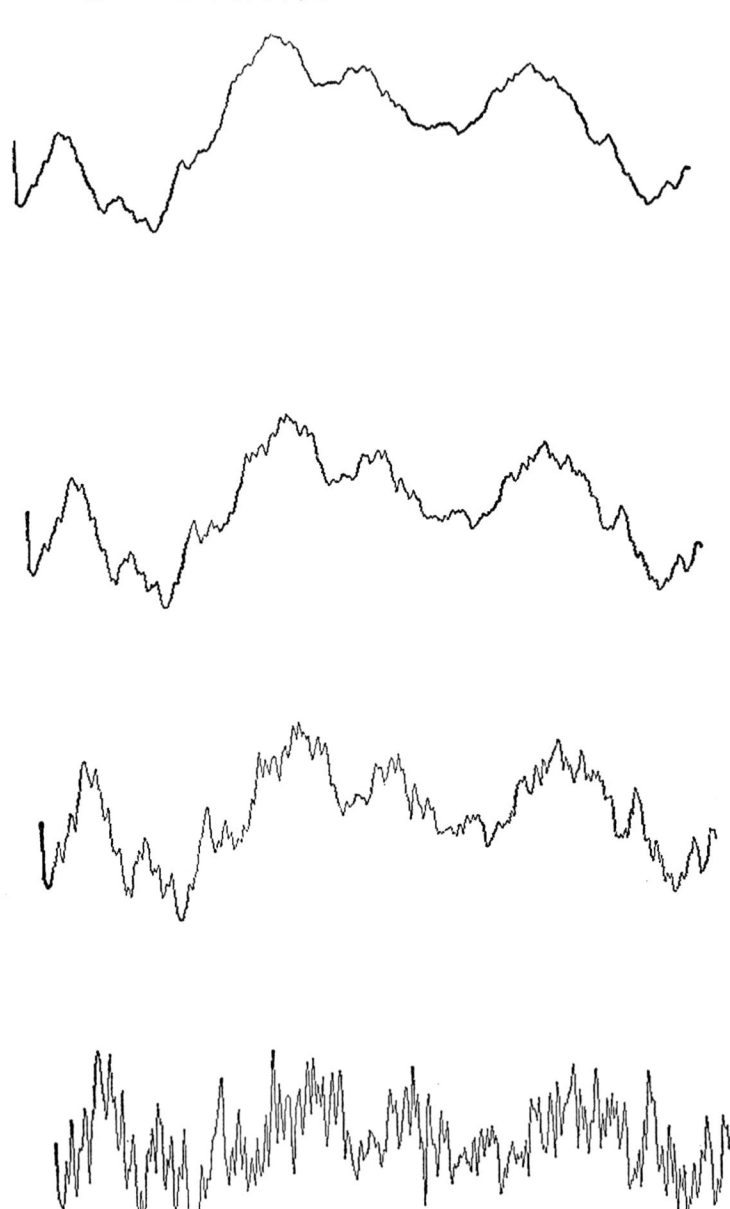

図 3.21 非整数階の微積分（5.4節）によって曲線への次元を連続的に変える．上から $D=1.0$, 1.25, 1.5, 2.0 （$1/f$雑音）の場合（プログラムリスト11）

―― tea time ――

バーナード・メダル

　フラクタルの提唱者であるマンデルブロ氏は，最近 (1985年) バーナード・メダルという賞を受けた．この賞は，ノーベル賞のように知名度は高くないが，全米科学アカデミーの推薦によって5年ごとに1人だけが選ばれるもので，非常に権威がある．過去の受賞者も，アインシュタインを筆頭に，著名な科学者ばかりである．彼の『フラクタル幾何学』を読んでいると，彼の理論がなかなか受け入れられないことを嘆いている部分が目につくが，この賞を受けたことによって，少なくともアメリカの科学者は，フラクタルの重要性を認めたといえよう．実際，アメリカやヨーロッパではフラクタルがブームになっており，10を越す研究会が予定されていると聞く．今後ますます活発な研究が行われ，新たな発見が相次ぐことだろう．

　日本はアメリカに比べると保守的であるとよくいわれるが，それは科学の分野でもはっきりと現われている．アメリカでは，何か新しいことが起こると，得体が知れないから調べてみるのに対し，日本では役に立つことがわかってから一生懸命応用を考える．フラクタルについてもそうで，いまだにフラクタルの研究者の数はきわめて少ない．これからフラクタルのブームが起こったとしても，欧米に数年の遅れをとってしまうことは避けられない．

　しかし，だからといってそう焦ることもない．フラクタルの関係する未解決の問題の中には，数十年来の難問がゴロゴロしている．それらが，ちょっとしたブームのおかげですべて解決してしまうということは，考えられないからである．じっくりと腰をすえてとりかかるのはこれからでも遅くはない．

4. 理論的なフラクタルモデル

 この章では，コンピュータシミュレーションに頼らずに解析できるようなモデルを紹介する．理論的な扱いだけで解ける問題は非常に単純化されたものが多く，現実性に欠ける傾向がある．しかし，自然界における雑音，シミュレーションにおける誤差のような未知の要素が入り込まないおかげで，問題の本質が抽出されやすくなるという利点がある．また，シミュレーションの場合には，あるパラメータのときに何かが成立することがわかっても，異なるパラメータに対してどうなるかはまったく未知であることが多い．その点，理論的に得られた結果は一般性が高い場合が多い．そういう意味で，シミュレーションと理論的扱いとは相補的な関係にあり，どちらも現実の現象の理解には欠くことができない．理論的な解析の道具となる数学的な手法等は，第5章で述べることにし，ここでは物理的なモデルに焦点を絞ることにする．

4.1 乱流モデル

 乱流がフラクタル構造になっているということを2.4節で述べた．それではいったいなぜ乱流は空間的に一様に起こらず，フラクタル的になるのであろうか？ この問いに対する完全な答えはまだない．しかし，定性的には次のような説明が可能である．まず，乱流を渦管の集合体とみなす．渦管とは，渦度*の大きさが同じであるような点をつないでできる面のことで，通常管のような形をしていると思われているので，このような名前がついている．流体力学でよく知ら

---

* 渦度は，流体の速度場が $\vec{v}(\vec{x},t)$ と与えられたとき，$\vec{\omega}(\vec{x},t) = \mathrm{rot}\,\vec{v}(\vec{x},t)$ によって与えられる．直観的な渦を定量化した量で，流体の回転量を表わすベクトル．

れているように,渦管にはそれを引き伸ばそうとする力が働く.したがって,渦管の長さは,時間がたつにつれてどんどん長くなっていくが,乱流の速度場は乱れているので,渦管はその流れに合わせて折りたたまれることになる.そのとき粘性がきわめて小さければ,ヘルムホルツ (Helmholz, 1821—1894) の渦定理[*1]より,渦管がちぎれることはないので,渦管は自己回避的に折りたたまれなければならない.ランダムな自己回避曲線が空間を埋めつくす可能性は2.4節の高分子や3.5節の自己回避ランダムウォークのところで述べたように,ゼロである.したがって,渦管は空間的に一様に分布することができずにフラクタル的な構造をもつことになる.2.4節で述べたエネルギー散逸率 $\varepsilon(\vec{x})$ は渦度の絶対値の2乗に比例する.つまり,渦の分布がフラクタル的であることは,エネルギー散逸領域がフラクタル的であることと等価である.

このように,乱流を渦管という自己回避的な高分子のようなものの集合体とみなすことによって,乱流のフラクタル性は定性的に理解される.この考え方は,さらに次元解析の方法(5.3節参照)によって,定量的に拡張することができる.それによると,乱流のフラクタル次元 D は,空間の次元を d としたとき,

$$D = \frac{2d+7}{5} \tag{4.1}$$

と見積もられる[1].$d=3$ とすると,$D=2.6$ となり,実験値 $2.5 \leq D \leq 2.8$ の範囲に入る.

渦度がフラクタル的に分布していることをモデル化することによって,いろいろな物理量をフラクタル次元 D と結びつけることが可能となる.一番よい例は,乱流の速度場のエネルギースペクトルとの関係であるが,それについては,5.4節で改めて述べることにし,ここでは速度の分布関数との関連を考えてみることにする.

3次元ユークリッド空間中に,たくさんの渦点が分布している状態を考え,それらの座標,渦度ベクトルをそれぞれ $\{\vec{r}_j\}$, $\{\vec{\omega}_j\}$ とする.ここで渦点とは,渦度がデルタ関数[*2]のように1点集中したものである.各渦点が,ビオ・サバール

[*1] 粘性のない完全流体で,密度が一定のとき,渦管は流体と一緒に運動し,その強さは一定不変であること,などを示した定理.粘性のない場合には,渦は発生することも消滅することもない,ということも示している.

[*2] ディラック (Dirac, 1902—1984) が導入した超関数で $\int_{-\infty}^{\infty} \delta(x)dx = 1$, $\delta(x)=0$ $(x \neq 0)$ という性質をもつ.物理数学のいろいろな領域で利用されている.無限小解析の立場からすれば,幅が無限小であるようなガウス関数,とみなすこともできる.

の法則[*1]に従って周囲の流体を流しているものとすれば，座標$\vec{r}$における速度は，次のように与えられる．

$$\vec{u}(\vec{r}) = \sum_j \vec{u}_j \qquad (4.2)$$

$$\vec{u}_j \equiv -\frac{\vec{\omega}_j \times (\vec{r}-\vec{r}_j)}{4\pi|\vec{r}-\vec{r}_j|^3} \qquad (4.3)$$

各渦点が独立に分布していると仮定すると，速度$\vec{u}$の分布関数$W(\vec{u})$は次のように与えられる．

$$W(\vec{u}) = \prod_j \iiint d\vec{r}_j \tau_j(\vec{r}_j, \vec{\omega}_j) \cdot \delta(\vec{u} - \sum_j \vec{u}_j) \qquad (4.4)$$

ただし，$\tau_j(\vec{r}_j, \vec{\omega}_j)$は$j$番目の渦点が座標$\vec{r}_j$にあり，渦度が$\vec{\omega}_j$である確率を表わす．渦点が$D$次元のフラクタル領域$F_D$上を一様に分布するものとし，

$$\tau_j(\vec{r}_j, \vec{\omega}_j) \propto \begin{cases} \tau(\vec{\omega}_j); & \vec{r}_j \in F_D \\ 0; & \vec{r}_j \notin F_D \end{cases} \qquad (4.5)$$

とおく．(4.4)式のデルタ関数をフーリエ積分で表わし，積分の順序交換を行うと，多少の計算の後，$W(\vec{u})$を次のような型に表現することができる[2]．

$$W(\vec{u}) = \frac{1}{8\pi^3} \iiint d\vec{\rho} \cdot \exp\{-i\vec{\rho} \cdot \vec{u} - \eta \cdot A(\vec{\rho}) \cdot |\vec{\rho}|^{D/2}\} \qquad (4.6)$$

ここで，ηは渦点のF_D上での密度に比例する量であり，$A(\vec{\rho})$は次式によって与えられる量である．

$$A(\vec{\rho}) \equiv \iiint d\vec{\omega} \tau(\vec{\omega}) |\vec{\omega} \times \vec{\rho}/|\vec{\rho}||^{D/2} \qquad (4.7)$$

(4.6)式によって与えられる$W(\vec{u})$は，特性指数が$D/2$の対称な安定分布である．安定分布については5.2節で詳しく述べるが，興味深いのは$|\vec{u}|$が大きいところで$W(\vec{u})$がベキの型になっているところである．渦度の分布$\tau(\vec{\omega})$が等方的な場合には，$W(\vec{u})$は次のように近似することができる．

$$W(|\vec{u}|) \equiv 4\pi^2 |\vec{u}|^2 W(\vec{u}) = \begin{cases} |\vec{u}|^2 & : |u| \to 0 \\ |\vec{u}|^{-\frac{D}{2}-1} & : |u| \to \infty \end{cases} \qquad (4.8)$$

この式からもわかるように，ベキの指数は，乱流のフラクタル次元Dに依存している．(4.6)式および(4.8)式は，乱れが一様な場合（$D=3$）にも成立し，それは特別にホルツマーク分布[*2]と呼ばれている．中央極限定理になじみの深い

[*1] 定常電流の作る磁場を決定する法則．いわゆる，右ねじの法則を定量化したもの．
[*2] 星が空間的に一様にランダムに分布しているときに，ある星に働く力の分布はホルツマーク分布に従う．この分布は，ホルツマーク (Holtzmark) が1919年に発表した．

人は (4.2) 式から $\tilde{u}$ の分布が，ガウス分布になることを予想するかもしれないが，図 4.1 を見ればわかるように，$|\tilde{u}|=0$ の近く以外では $\tilde{u}$ の分布はガウス分布とは大きく異なっている（図 4.1 参照）.

乱流を渦点の集合とみなすこのモデルは，コルモゴロフ型のエネルギースペクトル（5.2 節参照）を与えないという重大な欠点があり[3]，そのままでは乱流のモデルとしては適当ではないかもしれない．実験によって測定されている乱流中の速度の分布も，ここで述べた分布よりは，ずっとガウス分布に近いようである[4]．しかし，速度の大きなところでは，ベキの型の分布が観測されるという報告もあり[5]，このモデルの帰結は必ずしも誤りではない．渦点どうしの分布に空間的な相関を入れるなど，このモデルを改良していく余地は十分あると思われる．

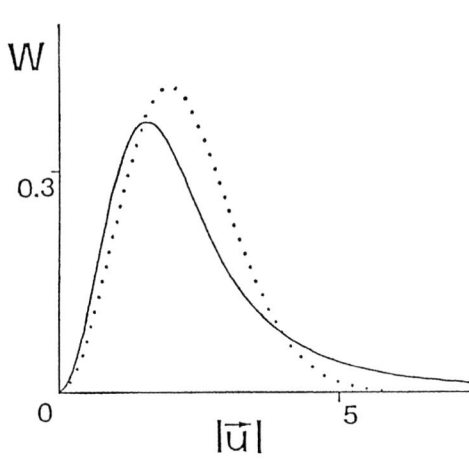

図 4.1 ガウス分布（……）とホルツマーク分布（──）[3]

この節の最後として雲と墨流しのフラクタル次元について考えてみよう．雲も墨も流体の流れに沿って流れるので，乱流による拡散の効果によってフラクタル構造が形成されていると思われる．乱流の拡散に関しては，リチャードソン (Richardson, 1879—1959) の 4/3 乗則と呼ばれている有名な法則がある．この法則によれば，乱流中を流れにまかせて漂う 2 つの点の距離 R は，時間 t とともに次の関係式を満足しながら広がっていく．

$$\frac{d}{dt}\langle R^2\rangle \propto R^{4/3} \qquad (4.9)$$

乱流中に墨をたらした場合を考えると，墨の微粒子どうしが各々この法則に従って相対的に拡散していくわけである．墨はほぼ等方的に広がっていくと考えてもよいので，$\langle R^2\rangle$ は墨の広がった範囲の面積にほぼ等しい（図 4.2 参照）．つまり，(4.9) 式は広がった墨を粗視化して見た面積（断面積）の増加率が，その直径（さしわたしの長さ）の 4/3 乗に比例すると換言できるわけである．これよ

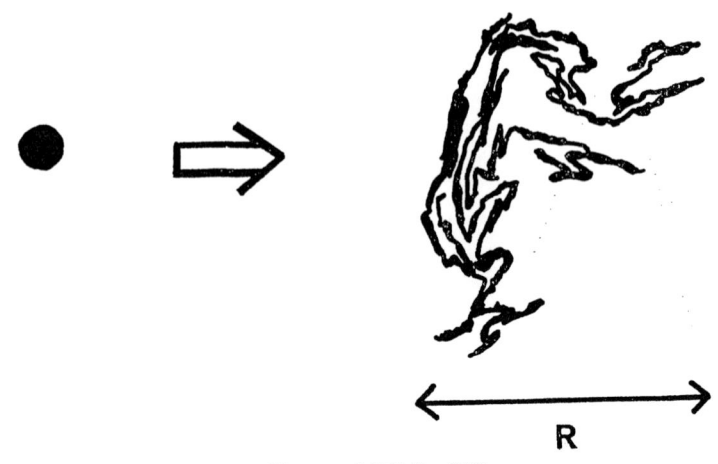

図 4.2 乱流拡散の様子

り，広がった墨のフラクタル次元が 4/3 であることが結論できる．なぜなら，墨のどの微小部分も一定の割合で広がっているにもかかわらず，全体の広がり方が直径の 4/3 乗に比例するということは，墨が直径の 4/3 乗に比例するような測度をもつ構造になっていることを意味するからである．$4/3=1.33\cdots$ という値は雲の次元 1.35 や墨流しの次元 1.3 とほぼ一致しており，上記の考え方の正しさを裏づけている．

なお，リチャードソンの法則は乱流の散逸領域のフラクタル性を考慮に入れることにより，次のように修正されることが知られている．

$$\frac{d}{dt}\langle R^2 \rangle \propto R^{(4/3)+(3-D)/6} \tag{4.10}$$

この補正項を含めると，雲や墨絵のフラクタル次元の理論値は，$4/3+(3-D)/6$ となり，実際の測定値よりも幾分大きくなってしまう．理論値がこのように測定値よりも大きくなるもっともらしい理由は 2 つ考えられる．1 つは実際の流れが完全には等方的ではなく，一方向にかたよった流れになっている可能性があることである．そのとき，雲や墨はその方向にひき伸ばされ，測定されるフラクタル次元は減少する．もう 1 つは，2.4 節で述べた雲の次元の測定方法そのものにかかわる．面積と周の長さによって求められる次元は，正確にはフラクタル次元の下限であって，常に他の方法によって測定されるフラクタル次元と一致するわけではないのである（一致するのは，面積が本当に 2 次元的な場合）．したがって，

理論値が多少測定値よりも大きめであっても，理論の正当性が失われるわけではない．

4.2 フラクタル上のランダムウォーク

a. スペクトル次元

フラクタル構造の上をランダムウォークする粒子の統計的性質は，フラクタル次元に依存するであろうか？　たとえば，パーコレーションクラスターを形成している金属中の電子の運動は，どうなっているのかという問題は，工学的な問題とも関連があり，ぜひとも解決しておかなければならない．この種の問題は俗に「巣の中のアリの問題」と呼ばれており，数多くの研究者が集中的に取り組んだおかげで，短期間のうちにたくさんのことがわかってきた（しかし，アリの巣が本当にフラクタルかどうかは，いまだに誰も調べていない）．その結果，フラクタル上のランダムウォークは，ユークリッド空間中のランダムウォークには見られない性質をいくつかもっていること，そしてその性質はフラクタル次元だけでなく，新たにスペクトル次元（あるいはフラクトン次元）と呼ばれる量を導入することによって，よりよく記述されることが明らかになった．

ここで扱うランダムウォークは，すべて離散的な時間 Δt ごとに格子上を1つずつ動くようなものとする．したがって，考えているフラクタル構造も格子によって構成されているものだけである．初めから無限に細かい構造をもつフラクタル上で，時間に対し連続的に運動する粒子を考えることができればよいのであるが，それはいまの場合非常に難しい．というのは，フラクタル構造は微分ができないので，そこの上で拡散方程式を立てることができないからである．経路積分*のような考え方は可能であるが，いずれにしても，格子構造を仮定しておかなければ経路が有限にならず，実りある結果は期待できない．一方，空間，時間を離散的にしておけば，まずコンピュータシミュレーションがただちに実行でき，また次章で述べるくりこみ群のような理論的な解析も扱いやすくなる．さらに，十分時間，空間の大きなスケールでの統計量が収束していれば，それはすべてが連続

---

* 確率的な運動をしている粒子の運動を，各経路が実現される確率に等しい測度を導入して定義される積分．ウィーナー積分と呼ばれるブラウン運動に対するものと，ファインマンの経路積分と呼ばれる量子力学的なものとがある．基本的には，ランダムな粒子の軌跡を折れ線近似して考えることに相当する．

である場合の値と一致しているものと期待してもよいだろう．以下に述べるいろいろな結果は，すべてそういう意味において，時間ステップ N が非常に大きいところで成り立つものである[6]．

まず，原点（出発点）からの距離の2乗平均の期待値 $\langle R^2 \rangle$ は，

$$\langle R^2 \rangle \propto N^{\tilde{D}/D} \tag{4.11}$$

と表わされることがわかっている．ここで，D は考えているフラクタル構造のフラクタル次元で，$\tilde{D}$ がスペクトル次元と呼ばれている量である．通常の整数次元のユークリッド的な構造に対しては，$\tilde{D}=D$ となり，(4.11) 式はランダムウォークに対してよく知られている関係を与える．ところが，一般には $\tilde{D} \neq D$ なので，フラクタル上でのランダムウォークは，通常のランダムウォークとは随分と違う性質をもっていることがわかる．

ランダムウォークをしている粒子が，N ステップの間に通過する異なる格子の総数 S_N は，次のようにスペクトル次元だけによって特徴づけられる．

$$\langle S_N \rangle \propto \begin{cases} N^{\tilde{D}/2}, & \tilde{D} < 2 \\ N, & \tilde{D} \geq 2 \end{cases} \tag{4.12}$$

また，N ステップ後に原点に戻ってくる確率 $P_0(N)$ も同じように $\tilde{D}$ だけで表わされる．

$$P_0(N) \propto N^{-\tilde{D}/2} \tag{4.13}$$

これらの関係は，ユークリッド的な場合を自然にフラクタルに拡張したものといえるだろう（(4.12)，(4.13) 式は $\tilde{D}=d$ の場合にも成立する）．

原点から出発した粒子が初めて距離 ξ まで到達する時間ステップ $T(\xi)$ は，

$$T(\xi) \propto \xi^{2D/\tilde{D}} \tag{4.14}$$

によって与えられるが，これは (4.11) 式を逆に解いたような形になっている．

さて，これまで $\tilde{D}$ の定義を与えていなかったが，この $\tilde{D}$ の値は，フラクタル次元 D を与えただけで自動的に求められるものではない．フラクタル次元 D は純粋に幾何学的な量であったのに対し，$\tilde{D}$ は時間を含むような量だからである．実際上は，上の (4.11)～(4.14) 式のどれかを $\tilde{D}$ の定義式と思えばよい．たとえば，コンピュータシミュレーションで $\tilde{D}$ を求めるには，(4.14) 式を用いるのが一番効率的である．こうして，1つの式によって $\tilde{D}$ を決めることができれば，他の関係式は自動的に満たされているはずである．理論的には粒子の遷移確率をくりこみ群の方法（5.1節参照）で解析することによって，次のような値が得ら

れている。R^d 中のシルピンスキーのギャスケットの場合には，

$$\tilde{D} = \frac{2\log(d+1)}{\log(d+3)}, \quad \left(D = \frac{\log(d+1)}{\log 2}\right) \tag{4.15}$$

となる．また，パーコレーションクラスターについては，

$$\tilde{D} = \frac{2(d\nu - \beta)}{\mu - \beta + 2\nu} \tag{4.16}$$

と与えられる．ここで ν と β は 2.4 節で導入した臨界指数で，μ は電気伝導度 Σ に関する臨界指数

$$\Sigma \propto (p - p_c)^\mu \tag{4.17}$$

であり，$\mu = \zeta + (d+2)\cdot\nu$ とおくと $\zeta \simeq 1$ となることが知られている．(4.16)式によって与えられる $\tilde{D}$ を $2 \leq d \leq 6$ の範囲で，実際に求めてみると，

$$\tilde{D} \simeq \frac{4}{3} \tag{4.18}$$

となることが確かめられる．これは，パーコレーションクラスター中でのランダムウォークが埋め込まれた空間の次元にほとんど依存しない普遍的な性質をもつことを暗示しており，大変興味深い．

スペクトル次元が，フラクタル上のランダムウォークを考える上で，非常に重要な概念であることは理解していただけたことと思う．しかし，なぜスペクトル次元という名前がついているのかについては，これまで述べただけではまったく見当もつかないことだろう．この名前の由来は，$\tilde{D}$ の持つもう1つの性質を説明することにより理解される．

今度は，シルピンスキーのギャスケットやパーコレーションクラスターのようなフラクタル構造が，ゴムのような弾性体で作られている状況を考える．弾性体であるから，微小な変形をすれば，元に戻ろうとし，振動を始める．その振動のスペクトル密度 $\rho(\omega)$ が振動数 ω の関数として，

$$\rho(\omega) \propto \omega^{\tilde{D}-1} \tag{4.19}$$

と表わされる．フラクタル構造の振動のスペクトルを支配するので，$\tilde{D}$ はスペクトル次元と名づけられたのである．ランダムウォークの関係式(4.11)～(4.14)式と，(4.19)式の関係は自明ではない．これらの関係についての詳しいことは参考文献[6]に委ねることにする．

スペクトル次元が関係するおもしろい話題が，もう1つある．それは，D 次元のフラクタル構造上での自己回避ランダムウォークのフラクタル次元 D' がどう

なるかという問題である．フローリーの式 $D'=(d+2)/3$ が非整数の $d=D$ についてもそのまま成立するのか，それとも別の関係が成立するのかは興味をひくところであろう．この答えは，次のようになることがわかっている[7]．

$$D' = \frac{D}{\tilde{D}} \cdot \frac{\tilde{D}+2}{3} \quad (\tilde{D} \leq 4) \qquad (4.20)$$

フローリーの式はそのままでは非整数次元の場合には成り立たたず，スペクトル次元を導入する必要が生じるのである．

b. ロングタイムテイル

緩和過程において，しばしばベキの型のロングタイムテイルが現われることを 2.4 節で述べた．ここでは，粒子のランダムウォークに直接関係するようなロングタイムテイルを紹介することにする．

たくさんの粒子がお互いに弾性散乱をするような系は，実際の気体のモデルとみなすことができる．このような系では，各粒子は衝突を繰り返してランダムウォークをすることになる．そのときの粒子の速度の自己相関関数は，指数的に減少するものと思われていたが，コンピュータシミュレーションの結果，ベキの型のロングタイムテイルが存在することが発見された[8]．その後，シミュレーションや理論的解析が進むにつれて，このベキの指数は空間の次元 d に依存し，相関関数が次のように表わされることが明らかになってきた．

$$\langle v(0)v(t)\rangle \propto t^{-d/2}, \quad d \geq 2 \qquad (4.21)$$

相関関数にこのようなロングタイムテイルがあるということは，非常に長い時間がたっても粒子が過去の自分の速度を忘れない，ということである．忘れないといっても，粒子自身には記憶のメカニズムはないので，単にいつまでも過去の影響が残る，といった方が正確かもしれない．いずれにしても，まったく何の細工もしていないただの剛体粒子の集合体にロングタイムテイルが存在することは，この現象の普遍性を暗示しているといえよう．

ランダムウォークをする粒子の運動を記述するときに，拡散方程式やそれを拡張した次のような偏微分方程式を考えることが多い．

$$\frac{\partial}{\partial t}S(x,t) = \sum_{j=1}^{\infty} a_j \frac{\partial^j}{\partial x^j} S(x,t) \qquad (4.22)$$

ここで，$S(x,t)$ は，時刻 t に座標 x で粒子が見つかる確率を表わす．ロングタ

イムテイルの存在は，この種の方程式を否定する．どういうことかというと，ベキの型の相関が残るとすると，拡散係数 a_2, あるいは高次の拡散係数 $a_3, a_4, \cdots$ が発散してしまうのである．したがって，ロングタイムテイルの有無は，粒子の統計的性質を解析する上で非常に重要な問題である．

　ロングタイムテイルは，気体のような多体系よりも単純化された系においても存在する．たった1つの粒子が固定された散乱体に弾性散乱されるような，ローレンツガスと呼ばれるモデルでも見つかっているのである．このモデルは，金属中の電子の運動を古典力学的にモデル化したもので，粒子をパチンコ玉，散乱体を釘とみなすことにより，パチンコと同一視してもかまわない．ただし，ここで考えるモデルは，重力も摩擦も，ましてや穴も（チューリップも）ないので，パチンコとしては何のおもしろみもないものである．散乱体が格子状に規則正しく並んでいる場合には，相関は指数的減衰をする．しかし，散乱体がランダムに分布している場合には，次のようなロングタイムテイルが現われることが知られている[9]．

$$\langle v(0)v(t)\rangle \propto -t^{-(d/2+1)} \tag{4.23}$$

このテイルは，(4.21)式と比べると，ベキの指数が違うだけでなく，符号も逆になっていることに注意してほしい．相関は，初め急速に落ち，勢い余って負になり，その後でゆっくりとベキ法則に従って緩和するのである．

　これらのロングタイムテイルに関して，とくに興味深いのは，ベキの指数が空間の次元 d に依存することであろう．では，この d の値を非整数値にまで拡張することはできないだろうか？　(4.21)式に関する拡張は，まだ聞いたことがないが，(4.23)式についてはある程度の拡張に成功している．それは，空間は1次元であるが，散乱体の分布がフラクタル的であるようなローレンツガスモデルである[10]．以下では，そのモデルを紹介することにしよう．

　次のような格子モデルを考える．x 軸上の各点 $x=i\Delta x$ (i：整数) に，点状の不純物が並んでいる中を，$+c$ または $-c$ の速度だけをとりうる粒子が走っているとする．また，時刻 $t=n\Delta x/c$, 区間 $((i-1)\Delta x, i\Delta x]$ にあり，速度が $+c$ だった粒子は，時刻 $t=(n+1)\Delta x/c$ においては，$x=i\Delta x$ にある不純物に散乱されて速度が $-c$ になり区間 $((i-1)\Delta x, i\Delta x]$ にあるか，あるいは，その不純物を素通りし同じ速度のまま区間 $(i\Delta x, (i+1)\Delta x]$ にあるか，のいずれかであるとする．さらに，各々の場合の起こる確率を，それぞれ $1-e^{-a_i}$ と e^{-a_i} であるとする．

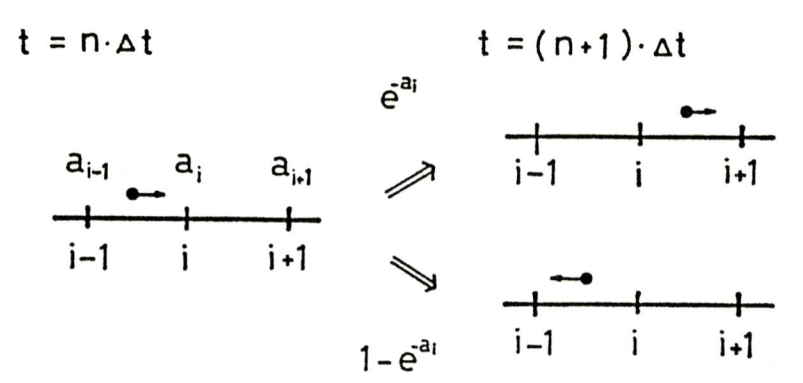

124   4. 理論的なフラクタルモデル

図 4.3 不純物による粒子の散乱の仕方

すなわち，$x=i\Delta x$ における不純物は，確率 $1-e^{-a_i}$ で粒子をはね返すわけである（図4.3）．ここで，この正の数 a_i は，点 $x=i\Delta x$ における不純物の量を表わすものとみなすことができる．この系に対して，次の差分方程式が厳密に成立する．

$$S_i{}^+(n+1)=e^{-a_i}\cdot S_{i-1}{}^+(n)+(1-e^{-a_i})\cdot S_i{}^-(n)$$
$$S_i{}^-(n+1)=(1-e^{-a_{i+1}})\cdot S_i{}^+(n)+e^{-a_{i+1}}\cdot S_{i+1}{}^-(n) \qquad (4.24)$$

ここで，$S_i{}^+(n)$ と $S_i{}^-(n)$ は，それぞれ粒子が時刻 $t=n\Delta x/c$ において，区間 $(i\Delta x, (i+1)\Delta x]$ に存在し，速度が $+c$ と $-c$ である確率を表わす．このとき，速度相関関数は次式によって与えられる．

$$\langle v(n\Delta x/c)\cdot v(0)\rangle = c^2\frac{\sum_i (S_i{}^+(n)-S_i{}^-(n))}{\sum_i (S_i{}^+(0)-S_i{}^-(0))} \qquad (4.25)$$

(4.24) 式において，初期条件を，$S_i{}^+(0)=-S_i{}^-(0)=$ 一定，とすれば，(4.25) 式は，粒子の全初期座標と初期速度について平均をとったことになる[11]（粒子の存在確率 S を負にすることは，非物理的のように感じるかもしれないが，(4.24) 式が S についての1次式であるおかげで，何ら矛盾は生じない）．

不純物の分布が D 次元のフラクタルである場合には，$\{a_i\}$ は次のような関係を満足する．

$$\overline{(a_j-a)(a_i-a)} \propto \begin{cases} |i-j|^{D-1}, & 0<D<1, i\neq j \\ \delta_{ij}, & D=0 \end{cases} \qquad (4.26)$$

ここで，$\overline{\cdots\cdots}$ はアンサンブル平均を表わし，また，$a=\overline{a_i}$（i に依存しない）であ

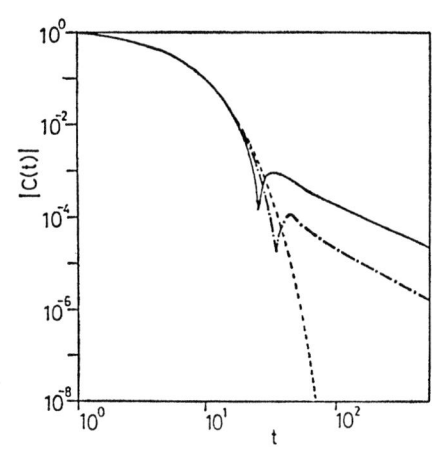

図 4.4 相関関数 $(C(t)=\langle v(0)v(t)\rangle)$ の絶対値と時間[10]
$D=0.0$ (—・—), $D=0.6$ (——)

る．各 a_i は，この関係を満たす範囲でランダムに与えられる．

図 4.4 は，$D=0.0$ と $D=0.6$ の場合について (4.24) 式を数値的に解いた結果の相関関数を示している．この図の $t\gtrsim 5\times 10^1$ の部分がロングタイムテイルである．ロングタイムテイルのベキの指数は，$D=0$ の場合に -1.50，$D=0.6$ の場合には -1.21 となっている．$D=0$ の場合は，(4.23) 式による値，$-3/2$ と一致するが，$D=0.6$ の場合には明らかにこの値とは異なる．D をいろいろと変えて計算をしてみた結果，(4.23) 式は，空間が 1 次元で不純物のフラクタル次元が D である場合には，次のように拡張されることが確かめられた．

$$\langle v(t)v(0)\rangle \propto -t^{-\{(1-D)/2+1\}}, \quad 0\leqq D<1 \tag{4.27}$$

この結果は，数値的に確かめられただけでなく，摂動展開*に基づく理論的解析によっても裏づけられている．

このように，1 次元空間中のローレンツガスモデルのロングタイムテイルは，フラクタルを導入することにより，t の指数を非整数の場合にまで拡張することができた．さらに，空間が 1 次元ではなく，d 次元の場合には，不純物の分布を D 次元とすると

$$\langle v(t)v(0)\rangle \propto -t^{-\{(d-D)/2+1\}} \tag{4.28}$$

となることが予想されている[10]．ここで，$d-D$ という量が出てきたが，この量は余次元と呼ばれている量である．この関係式は，まだ確認されたわけではないが，いずれにしても，ロングタイムテイルのベキの指数が，不純物の空間分布のフラクタル次元に依存することはまちがいないだろう．

---

* 複雑な力学系の状態を考えるとき，その系を，解きうる基本的な部分と，微小な修正部とに見たて，微小な部分をテイラー展開のように展開して，その低次の項だけをとり入れて計算する方法．微分方程式系，古典力学系，量子力学系，および場の理論において，広く使われている．

4.3 悪魔の階段

相転移現象等との関連で,短距離相互作用の働くスピン系の性質に関しては多くのことがわかってきているが,クーロン力のような長距離相互作用がある場合のスピン系については,未知な部分が多い.ここでは,そのような長距離相互作用が働く場合に,外場と帯磁率の関係が悪魔の階段になるような1次元のスピンモデルを紹介する.

ハミルトニアン*$\mathcal{H}$ が次式で与えられるような, N 個のスピン $S_i=\pm 1$ より成る環状イジング系を考える.

$$\mathcal{H}=\sum_{i=1}^{N}H\cdot S_i+\frac{1}{2}\sum_{i,j=1}^{N}J(i-j)(S_i+1)(S_j+1) \qquad (4.29)$$

ここで,H は外場の強さを表わす.また, i 番目と j 番目のスピン間の相互作用を規定する関数 $J(i-j)$ は,次の関係を満足するものとする.

(1) $i\to\infty$ としたとき, $J(i)=0$
(2) すべての i に対して, $J(i+1)-2J(i)+J(i-1)\geqq 0$

この2番目の条件は,ポテンシャルが下に凸であることを意味している.通常のイジング系では,相互作用 $J(i-j)$ は,最近接格子どうし以外は0とすることが多いが,ここでは長距離相互作用を考えるので, $J(0)$ 以外は一般に 0 ではない.また,この系では,(4.29)式の第2項の形からわかるように,上向きのスピン ($S=+1$) どうしだけしか相互作用をしない.したがって,上向きスピンを電荷をもった粒子とみなして,クーロン力が働いているような状況を考えればよい.

全スピン中の上向きスピンの比率 q を与えたとき,エネルギー $\mathcal{H}$ の最も低い状態は,上向きスピンができるだけ等間隔で並んでいる状態である.たとえば, n をある自然数としたとき, $q=1/n$ の場合には,上向きのスピンが n スピンごとに配位している状態が最もエネルギーが低い. q が有理数であり,互いに素な自然数 m,n によって $q=m/n$ と表わされる場合には,スピンは n を周期とし, 1つの周期の中に m 個の上向きスピンを含むように配列する.このとき,上向きスピンどうしの間隔は, $[n/m]$ または $[n/m]+1$ である.たとえば, $q=1/3,$

---

* 古典力学(量子力学)において最も基本的な量で,系の全エネルギーに対応する量(演算子)のこと.系のいろいろな性質は,すべてハミルトニアンによって支配されている.

$2/5, 3/7$ の場合には，それぞれ次のようになる．

$$\frac{1}{3}; \quad \cdots+--+--+--+--\cdots$$

$$\frac{2}{5}; \quad \cdots+-+--+-+--+-\cdots$$

$$\frac{3}{7}; \quad \cdots+-+-+--+-+-\cdots \tag{4.30}$$

q が一般の有理数の場合には，エネルギーが最小となるような配列は，次のアルゴリズムによって与えられることが証明されている[12]．まず，q を次のような連分数の形で表わす．

$$q=\cfrac{1}{n_0+\cfrac{\alpha_0}{n_1+\cfrac{\alpha_1}{n_2+\cfrac{\alpha_2}{n_3+\cfrac{\ddots}{\quad+\cfrac{\alpha_{k-2}}{n_{k-1}+\cfrac{\alpha_{k-1}}{n_k}}}}}}} \tag{4.31}$$

ここで，n_i は自然数，α_i は $+1$ または -1 である．このような連分数展開は，任意の正の有理数 q に対して一意的に定まる．次に，数列 $X_0, X_1, \cdots, X_k$ と $Y_0, Y_1, \cdots, Y_k$ とを次のように定める．

$$\begin{aligned} X_0 &= n_0 \\ Y_0 &= n_0+\alpha_0 \\ X_{i+1} &= (X_i)^{n_i-1} \cdot Y_i \\ Y_{i+1} &= (X_i)^{n_i+\alpha_i-1} \cdot Y_i \end{aligned} \tag{4.32}$$

この漸化式によって決まる X_k がスピンの配列を与える．たとえば，$q=11/47$ としてみよう．(4.31) 式により，$n_0=4$, $n_1=4$, $n_2=3$ および $\alpha_0=1$, $\alpha_1=-1$ が得られる．(4.32) 式によれば，$X_0=4$, $Y_0=5$, $X_1=4^3\cdot 5$, $Y_1=4^2\cdot 5$ となり，$X_2=(4^3\cdot 5)^2\cdot 4^2\cdot 5$ と決定する．これは，次のように書き換えることができる．

$$X_2=4\cdot 4\cdot 4\cdot 5\cdot 4\cdot 4\cdot 4\cdot 5\cdot 4\cdot 4\cdot 5 \tag{4.33}$$

この表式において，4 と 5 は，それぞれ 4 番目および 5 番目のスピンが上向きであることを示している．これらの数字の和は 47 になっており，確かに周期が 47

であることがわかる．また，数字4と5の現われる個数の和は11であり，1周期当り11個の上向きスピンが入っていることもわかる．ちなみに，先に述べた例を，この表式によって表わすと次のようになる．

$$\frac{1}{3};\ 3$$

$$\frac{2}{5};\ 3\cdot 2$$

$$\frac{3}{7};\ 2^2\cdot 3 \tag{4.34}$$

このようにして，帯磁率に相当する量，$q=m/n$，を決めたときに，エネルギーが最小となるスピン配列が決まったので，次に外場の強さを変えたときに帯磁率がどう変わるかを調べてみよう．そのために，まず外場 H と帯磁率 $q=m/n$ が与えられた状態で，1つの上向きスピンを下向きに変えたときのエネルギー変化を考えてみる．このときのエネルギー変化 $\varDelta U$ は，次式によって与えられることがわかっている[13]．

$$\begin{aligned}\varDelta U = & 2H + 4(r_1+1)J(r_1) - 4r_1 J(r_1+1) \\ & + 4(r_2+1)J(r_2) - 4r_2 J(r_2+1) + \cdots \\ & + 4nJ(n-1) - 4(n-1)J(n) + \cdots \\ & + 4\cdot 2nJ(2n-1) - 4(2n-1)J(2n) + \cdots \end{aligned} \tag{4.35}$$

ここで，r_i は i 番目の上向きスピンまでの間隔を表わす量で，次式によって定義されるような自然数である．

$$r_i \leqq \frac{n}{m}i < r_i+1 \tag{4.36}$$

(4.35) 式では，$r_m=n$, $r_{2m}=2n$, …等の関係を代入してある．同様に，同じ帯磁率で外場が H' の場合に1つの下向きスピンを上向きにすると，エネルギーは次のように変化する．

$$\begin{aligned}\varDelta U' = & -2H' - 4(r_1+1)J(r_1) + 4r_1 J(r_1+1) \\ & - 4(r_2+1)J(r_2) + 4r_2 J(r_2+1) - \cdots \\ & - 4(n+1)J(n) + 4nJ(n+1) - \cdots \\ & - 4(2n+1)J(2n) + 4\cdot 2nJ(2n+1) - \cdots \end{aligned} \tag{4.37}$$

与えられた外場に対して，帯磁率 q の状態が安定であるということは，全エネルギーがそこで極小になっているということであり，スピン配列の微小な変化に

4.3 悪魔の階段

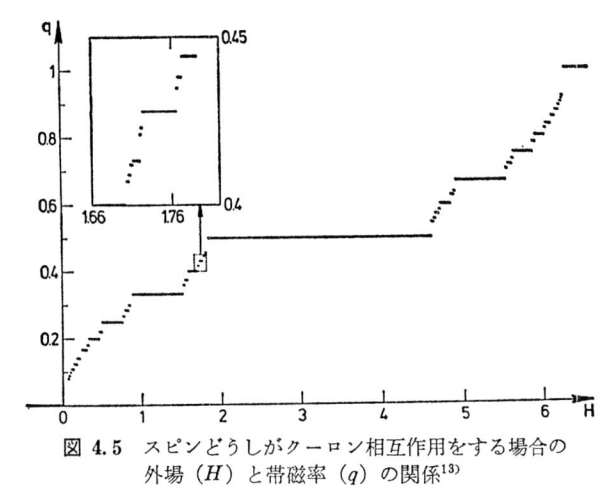

図 4.5 スピンどうしがクーロン相互作用をする場合の外場 (H) と帯磁率 (q) の関係[13]

対して，エネルギーの変化が 0 となっている，ということである．したがって，(4.35), (4.37) 式の ΔU と $\Delta U'$ をそれぞれ 0 とすることによって，帯磁率 q の状態が安定であるための条件式が得られる．これらの条件式より，外場の強さの差 $\Delta H = H - H'$ が次のように与えられることになる．

$$\frac{1}{2}\Delta H\left(q=\frac{m}{n}\right) = n\{J(n+1)+J(n-1)-2J(n)\}$$
$$+ 2n\{J(2n+1)+J(2n-1)-2J(2n)\}+\cdots$$
$$+ in\{J(in+1)+J(in-1)-2J(in)\}+\cdots \quad (4.38)$$

ここで注意すべき点は，右辺が m に依存しないことである．$J(i)$ には下に凸であるという条件が課してあるので，(4.38) 式の右辺は，任意の n, m に対して有限な正の値となる．すなわち，q を連続的に変化させたとき，q が有理数のときに H が有限な変化をすることになり，悪魔の階段を構成することになる．図 4.5 は，クーロン型の相互作用 $J(i)=i^{-2}$ の場合の q と H の関係を示している．階段の一部を拡大してみれば，そこには全体と同じような形の階段状の構造が見られる．いうまでもなく，これはフラクタルである．

――― tea time ―――
学会と研究会

　研究者が公式に集まって議論する場には，大きく分けて，学会と研究会とがある．学会は一般に広い範囲をカバーし，たくさんの人が集まる．発表は1人15分程度で，100人以上入れる会場が数カ所から20カ所程度用意され，並列に進行する．一方，研究会は1つのトピックスに関心をもつ人だけが数十名程度集まり，深くつっこんだ議論をする．学会はかしこまった雰囲気だが，研究会はざっくばらんなことが多い．ことに，著者の参加したイタリアでの研究会「物理におけるフラクタル（'85年7月）」は，くつろいだ雰囲気だった．

　場所は，ベニスの東100 kmぐらいのところにあるトリエステという田舎町．会場は海水浴場に隣接したホテルの会議室で，窓からは青く澄んだアドリア海が見渡せるという最高の環境であった．100名以上の人がいろいろな国から集まってきた．会話はすべて英語で，ヨーロッパ人どうしは，おなじみらしくファーストネームで呼び合っていた．意見交換は大変活発に行われ，休み時間にも用意されたコーヒーなどを飲みながらあちこちで討論をしていた．

　お昼休みはさすがイタリアという感じで，12時半から4時半までのたっぷり4時間．仲間や家族とワインを飲みながら昼食をとり，昼寝をする，というのが標準的なイタリア人の昼休みだが，あいにく日本の習慣しか知らない著者は，時間をもてあまし気味だった．4時半になると，海水パンツのままの姿で頭から水をしたたらせているアメリカ人や，アルコールのにおいをぷんぷんさせたイタリア人，きれいな奥さんといっしょに散歩にいってきたフランス人らが会場に戻ってきて午後の部が再開される．そして，議論はいよいよ熱を帯び，8時過ぎまで続けられた．8時といえば日本では夜だが，ヨーロッパは緯度が高いため，日没は10時頃．したがって，まだ夕方の気分なのである．上手に気分をリフレッシュして，楽しみながら研究に集中するヨーロッパ人の姿に羨望を感じた．

5. フラクタルを扱う数学的方法

 ここでは，フラクタルに関する解析を行うときに役立つ数学的な道具や方法を紹介する．いままで述べてきたことをふり返ってもわかるように，フラクタルにはとくに難しい数学を必要とする要素はない．基本的には，対数と指数法則がわかれば十分である．ここで紹介する内容も，けっして高度な数学ではない．とくに 5.1 節のくりこみ群や 5.3 節の次元解析は数学とは呼びにくい．むしろ，物理学における便利な道具といった方が適切かもしれない．フラクタルに関連が深く，しかも，特定の対象に限らず，広く使えるような手法の解説をする．

5.1 くりこみ群

 くりこみ群の理論は，1982 年ウィルソン（Wilson, 1936—）に与えられたノーベル物理学賞の対象となったということも影響し，非常に難解な理論であるという印象を与えがちなようである．ところが，実際にはこの理論はけっして難解ではなく，少なくとも本質的なところは高等学校レベルの数学で十分理解可能である．とくに後で具体例を示すような実空間でのくりこみは，わかりやすく，フラクタルとの関連も深い．

 くりこみ群の目的は，観測における粗視化の度合を変えたときの物理量の変化を定量的にとらえることである．たとえば，あるスケールの粗視化のもとで測定した物理量を p とする．このスケールよりも 2 倍だけ大きなスケールで粗視化した場合に，その物理量が p' になったとする．この p' は，適当な粗視化に関する変換 f_2 によって元の p と次のように関係づけることができるだろう．

$$p' = f_2(p) \tag{5.1}$$

ここで f の添字2は2倍の粗視化を意味する．もしも，粗視化の度合をさらに2倍すれば，次のような関係が成り立つ．

$$p'' = f_2(p') = f_2 \cdot f_2(p) = f_4(p) \tag{5.2}$$

このような関係を一般化すれば，変換 f が次のような性質をもつことがわかるだろう．

$$f_a \cdot f_b = f_{ab} \tag{5.3}$$

$$f_1 = 1 \tag{5.4}$$

ここで1は恒等変換を表わす．変換 f は，一般的には逆変換 f^{-1} をもたない．というのは，ある状態が与えられたとき，それを粗視化することはいつでも可能であるが，逆に粗視化された状態を与えておいても，元の状態は一意的には決まらないからである．このような性質をもつ変換は，数学的には半群と呼ばれる．粗視化による変換を物理では・く・り・こ・みと名づけているので，この f という変換は本来ならば・く・り・こ・み半群と呼ぶ方が正確であろう．しかし，・く・り・こ・み群という呼び方が定着している．

　このくりこみ群は定義からも見当がつくように，フラクタルと密接な関係をもつ．フラクタルとは，粗視化をしても変化しないようなもののことであるから，くりこみ群の変換 f に対して不変なものがフラクタルであるといってもよい．歴史的には，フラクタルとくりこみ群は同じくらいの時期（いまから10数年前）に独立に考案された．どちらも観測スケールを変える変換のもとで不変なものを解析することがねらいであったが，フラクタルは幾何学的な形に，そしてくりこみ群は物理的な量にそれぞれ焦点を向けていた．しかし，最近ではフラクタルも物理量を含むようになり，一方，実空間くりこみも幾何学的な対象を扱うようになったので，両者の区別はほとんどなくなってきている．

　くりこみ群は，相転移における臨界現象の解析には最も有力な道具となる．たとえば，2.4節で述べたような液相と気相の臨界点近傍にある H_2O の状態を考えてみる．状態 p が，臨界点よりもわずかに液相に近かったとしよう．ミクロに見れば，この状態は液体と気体がランダムに分布しているようにしか見えないだろう．しかし，変換 f を何度も施すことにより粗視化された状態 p' においては，そのたび，液相の占める割合が増していくだろう．そして，無限回変換した極限における状態は，完全に液相とみなすことができるようになる．また，もし逆にミクロな状態が気相に近ければ，変換 f を繰り返すことにより，完全に気相であ

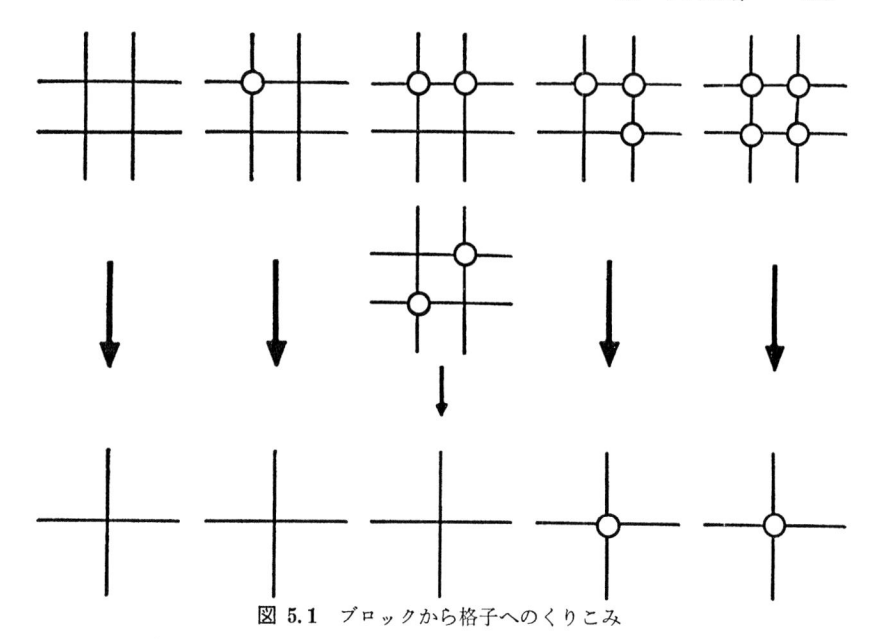

図 5.1 ブロックから格子へのくりこみ

るようなマクロな状態が得られるだろう．つまり，変換 f に対して不変であるような状態が臨界点であり，その近傍の状態を解析することは，変換 f の性質を調べることに帰着できるのである．

これまで何度かでてきたパーコレーションの問題を，くりこみ群を使って解いてみよう．2次元正方格子の格子点に，ランダムに金属が分布している状態を考える．物理量 p としては，金属の存在確率をとればよい．

いま 2×2 の格子点を1つ仮想的な格子点に粗視化することを考える．この新しい格子を超格子，粗視化される 2×2 の格子点をブロックと呼ぶことにする．ブロック内の4点すべてに金属がある場合には，それらを粗視化した超格子点にも金属があるとしてよいであろう．ブロック内の3点に金属がある場合にも，そのブロックは必ず縦方向にも横方向にも電気を通すので，超格子点に金属があるものとしてよい．しかし，ブロック内の点の数が2以下になると，そのブロックは少なくとも縦方向か横方向のどちらかに電気を通さなくなる．したがって，このような場合には，超格子に金属がない場合を対応させるべきであろう（図5.1）．したがって，超格子における金属の存在確率を p' とすれば，

$$p' = f_2(p) = p^4 + 4p^3(1-p) \tag{5.5}$$

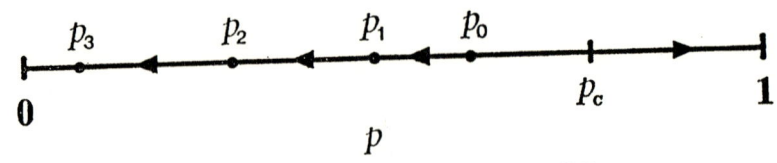

図 5.2 くりこみ変換による p の変化の様子

が成立する．第1項は，ブロック内の4点がすべて金属の場合を表わし，第2項は3点が金属の場合を表わしている．この式によって，変換 f が決定したので，後は f の性質を調べるだけで相転移が解析できるわけである．

先の議論でも述べたように，臨界点 p_c は変換 f によって不変な点，つまり不動点である．不動点を p^* とすれば，(5.5)式より，

$$p^* = p^{*4} + 4p^{*3}(1-p^*) \tag{5.6}$$

が成り立ち，

$$p^* = 0,\ 1,\ \frac{1\pm\sqrt{13}}{6} \fallingdotseq -0.434, 0.768 \tag{5.7}$$

が得られる．ここで p は確率を表わすので $p^* = -0.434$ は除外する．$p^* = 0, 1$ はそれぞれ金属がまったくない場合と，すべてが金属の場合を表わす自明な不動点である．したがって，相転移点は $p_c = 0.768$ であるということになる．この値はシミュレーションによる値 $p_c = 0.59$ よりはだいぶ大きいが，実験値 $p_c = 0.752$ とはほぼ一致している．p_c よりも小さな p に対しては，

$$p_c > p > f_2(p) > f_{2^2}(p) > \cdots > f_{2^n}(p) \tag{5.8}$$

が成立し，p はくりこむごとに小さくなり，無限にくりこんだ極限では，$f_\infty(p) = 0$ となる．これは非常に大きく粗視化すると，金属が見えなくなることを表わしている．p が p_c よりも大きい場合には逆のことが成立し，$f_\infty(p) = 1$ となる．つまり，粗視化の極限ではすべて金属になる．このように，p_c 近傍の点はくりこむごとに p_c から離れていくので，臨界点 p_c が変換 f_2 の不安定な不動点になっていることがわかる（図5.2）．

臨界点 p_c が決定したので，次に臨界点におけるパーコレーションクラスターのフラクタル次元を求めてみよう．超格子点が金属になっているとき，ブロック内には3点または4点の金属がある．そのブロック内の金属であるような格子点の数の期待値 N_c は，

$$N_c = \{4 \cdot p_c^4 + 3 \cdot 4 \cdot p_c^3(1-p_c)\}/p_c$$

$$\simeq 3.45 \tag{5.9}$$

となる. p_c で割っているのは,この期待値は超格子点が金属であるという条件つきの期待値だからである. 超格子と比べると,格子間隔は 1/2 になっている. つまり,超格子で 1 個だった金属点が,観測の単位長さを 1/2 にすることによって,平均 N_c 個の金属点に見えるわけである. この関係を一般化すれば,観測の単位長さを $1/b$ 倍にしたとき見える金属点の数 $N_c(b)$ は,

$$N_c(b) = b^{-D} \tag{5.10}$$

と表わされ,いまの場合には,

$$D = \frac{\log N_c}{\log 2} \simeq 1.79 \tag{5.11}$$

という関係を満足することになるだろう. ここで与えられる D の値が求めるパーコレーションクラスターのフラクタル次元を与えている. $D=1.79$ という値は,シミュレーションによる値とまったく一致し,実験値 1.9 にも近い値となっており,くりこみ群の優秀性を裏づけている.

いまは,ちょうど臨界点におけるクラスターのフラクタル次元を求めたが,それ以外にも臨界点近傍のふるまい,とくに臨界指数は,くりこみ群によって明らかにすることができる. 例として,相関長に関する臨界指数を求めてみよう.

p が臨界点 p_c よりは小さいが,十分臨界点に近いような場合には,格子どうしの相関の長さ ξ は有限であり,2.4 節で述べたように,次のような型になることが知られている.

$$\xi = \xi_0 |p_c - p|^{-\nu} \tag{5.12}$$

ここで,ξ_0 は長さの次元をもった量で,格子間程度の大きさの比例定数である. 格子を一度くりこんだ超格子上で考えると,相関長 ξ そのものの絶対的な大きさは,粗視化しても変わらないはずであるから,

$$\xi = \xi_0' |p_c - p'|^{-\nu} \tag{5.13}$$

が成立するはずである. ここで ξ_0' は,くりこんだことにより格子間隔が 2 倍になっていることから,

$$\xi_0' = 2\xi_0 \tag{5.14}$$

と与えられる. (5.12)〜(5.14) 式を合わせれば,臨界指数 ν は次のように表わせる.

$$\nu = \frac{\log 2}{\log\{(p_c - p')/(p_c - p)\}} \tag{5.15}$$

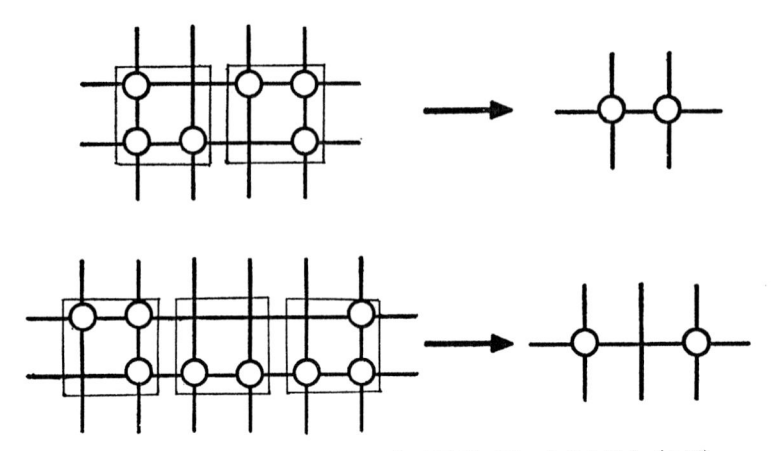

図 5.3 格子ではつながっていないが，超格子ではつながる場合（上図）と，その逆（下図）

p が臨界点に無限に近ければ，

$$\frac{p_c - p'}{p_c - p} \longrightarrow \left.\frac{\partial p'}{\partial p}\right|_{p=p_c} \tag{5.16}$$

となるので，

$$\nu = \frac{\log 2}{\log \left.\frac{\partial f_2(p)}{\partial p}\right|_{p=p_c}} \tag{5.17}$$

が得られる．(5.5) 式を使ってこの値を計算すると，$\nu \fallingdotseq 1.40$ となる．この値はシミュレーションと実験によって予想される値 $\nu = 1.35$ とほぼ一致している．

このようにくりこみ群を用いると，フラクタル次元や臨界指数は比較的簡単に求められる．しかし，注意しなければならないのは，くりこみ群はあくまでも近似理論なので，どうすれば近似の精度を高くしうるか，を押えておかなければならないという点である．くりこみ群が近似であるというのは，たとえば図 5.3 上図のように格子上ではつながっていない点が，超格子ではつながったり，逆に図 5.3 下図のように，格子上でつながっている点が超格子では離れてしまうことがあるからである．このような誤差を減らすためには，一度にくりこむブロックの大きさが大きければ大きいほどよい．しかし，ブロックの 1 辺の長さを b とすれば，ブロック内の点の数は b^2 個あり，ブロック全部の全状態数は 2^{b^2} 個になるので，解析的に変換 f_b を決めることは，$b=4$ が限度である．

そこで，解析的に変換 f_b を求めるかわりに，統計的に f_b を決めるモンテカル

ロ*くりこみが考え出された．たとえば，$b=100$ くらいにしておいて，100×100 格子上で p をいろいろ変えたときのパーコレーションクラスターの出現確率 p' をコンピュータによって調べ，f_b の関数型を推定するのである．f_b の関数型は正確には決まらないという欠点はあるが，一度に大きなブロックをくりこめるので，くりこみの精度は非常によくなる．この方法を使うと，小さなシミュレーションによる結果を利用して，シミュレーションができないような大きな系の性質を知ることができる．今後，コンピュータの発達に伴って，この方法の重要性はますます高まっていくだろう．

5.2 安定分布

安定分布については，2.4節および4.1節でも少し触れたが，フラクタルとの関連が非常に強いので，ここで詳しく説明をすることにする．

レビ（Lévy, 1886—1971）によって考え出された分布の安定性という概念は，次のような和に対する分布の不変性を意味する[2]．

$X, X_1, \cdots, X_n$ を，共通な分布 R をもつ互いに独立な確率変数としたとき，$Y_n \equiv X_1 + \cdots + X_n$ に対して，

$$Y_n \stackrel{d}{=} c_n X + \gamma_n \tag{5.18}$$

となるような定数 c_n, γ_n が存在する場合に，分布 R は安定であるという．

ただし，ここで $\stackrel{d}{=}$ は両辺の分布が等しいことを示す．

すなわち，一般に，ある分布に従う確率変数の和は，元とは異なる確率変数となるが，適当な1次変換によって，元と同じ分布になるようなものが安定分布である．ある安定分布に従う確率的な変量がたくさんあるとき，それらをいくつかのグループに分けると，各グループ内での平均量の分布は，グループ内の変量の数によらずに相似で，1つの変量の分布と同じ形になる．これは，ある種の自己相似性であるといえよう．このような性質をもつ分布として一番よく知られているのは，ガウス分布である（ガウス分布の和も，またガウス分布である）．しかし，安定分布はガウス分布だけではない．むしろ，以下で見るように，ガウス分布と

---

* モンテカルロ法はランダムな現象を，乱数を用いて数値的，模型的に解析する方法で，コンピュータによる解析には欠かすことができない．本来ランダムでない連立方程式や微分方程式等を解く際にも利用されることがある．なお，モンテカルロ (Monte Carlo) は，とばくで有名なモナコの都市の名よりつけられた．

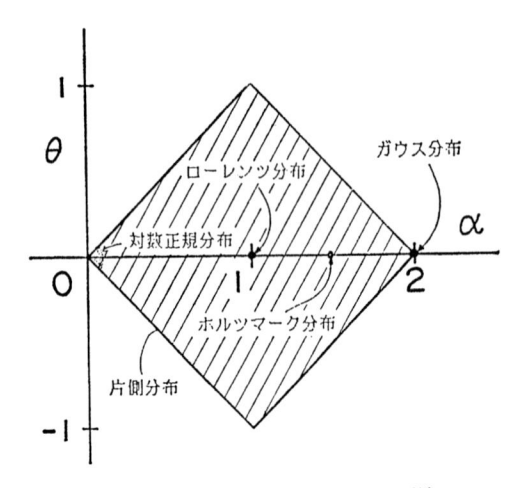

図 5.4 安定分布となる α と θ の領域

は安定分布の非常に特殊な場合なのである．

条件式 (5.18) は分布の特性関数

$$\phi(z) \equiv \langle e^{ixz} \rangle \tag{5.19}$$

を用いると，次のように書き換えることができる．

$$\phi^n(z) \equiv \phi(c_n \cdot z) \cdot e^{i\gamma nz} \tag{5.20}$$

この方程式を満足するような $\phi(z)$ は，4つのパラメータ $\alpha, \beta, \gamma, \delta$ によって，

$$\phi(z) = \exp\left[i\delta z - \gamma |z|^\alpha \cdot \left\{1 + i\beta \frac{z}{|z|} \omega(z, \alpha)\right\}\right]$$

$$\omega(z, \alpha) \equiv \begin{cases} \tan\frac{\pi\alpha}{2} & ; \quad \alpha \neq 1 \text{ のとき} \\ \frac{2}{\pi} \log|z| & ; \quad \alpha = 1 \text{ のとき} \end{cases} \tag{5.21}$$

と表わすことができる．ただし，$0<\alpha\leq 2$，$-1\leq\beta\leq 1$，$\gamma>0$．パラメータ α は特性指数と呼ばれており，安定分布を特徴づける最も大切な量である．$\alpha=2$ の場合がガウス分布に対応する．また $\alpha>2$ のときには，確率が非負という条件を満足しなくなってしまう．β は分布の対称性を支配するパラメータで $\beta=0$ のときには左右対称な分布となる．δ は分布全体を平行移動するパラメータであり，また γ は X の縮尺を変えるパラメータであり，これらは分布の形を変えないのであまり本質的ではない．このような線形変換の自由度を除外すれば，安定分布の特性関数は $\alpha=1$ の場合を除いて，次のような簡単な型で表現できるようになる．

$$\phi(z) = \exp\{-|z|^\alpha \cdot e^{\pm i\pi\theta/2}\} \tag{5.22}$$

ここで，指数の±は，z の符号と一致させるものとし，また θ の変域は，図5.4の斜線の部分

$$|\theta| \leq \begin{cases} \alpha\ ; & 0<\alpha<1\ \text{のとき} \\ 2-\alpha\ ; & 1<\alpha<2\ \text{のとき} \end{cases} \tag{5.23}$$

である（β の代りに θ が対称性を支配するパラメータになっている）．対応する確率密度関数を $p(X;\alpha,\theta)$ とすれば，これは (5.22) 式のフーリエ変換であるから，

$$p(X;\alpha,\theta) = \frac{1}{\pi}\mathrm{Re}\int_0^\infty dz\,\exp\Big\{-ixz - z^\alpha \cdot e^{\frac{i\pi}{2}\theta}\Big\} \tag{5.24}$$

と与えられることになる（記号 Re は実数部分を表わす）．この型より明らかなように，

$$p(X;\alpha,\theta) = p(-X;\alpha,-\theta) \tag{5.25}$$

が成立している．したがって，$\theta=0$ の場合には，

$$p(X;\alpha,0) = p(-X;\alpha,0) \tag{5.26}$$

となり，分布は対称である．

(5.22) 式の指数関数をベキ級数展開し，項別に (5.24) 式の積分を実行することにより，次のような展開公式が得られる．$X>0$，$0<\alpha<1$ に対しては，

$$p(X;\alpha,\theta) = \frac{1}{\pi}\sum_{n=1}^\infty \frac{(-1)^n \Gamma(n\alpha+1)}{n!X^{n\alpha+1}} \sin\frac{n\pi}{2}(\theta-\alpha) \tag{5.27}$$

また，$X>0$，$1<\alpha<2$ に対しては，

$$p(X;\alpha,\theta) = \frac{1}{\pi X}\sum_{n=1}^\infty \frac{(-X)^n \Gamma(n\alpha^{-1}+1)}{n!} \sin\frac{n\pi}{2\alpha}(\theta-\alpha) \tag{5.28}$$

$X<0$ の場合は，(5.25) 式によって与えられる．もしも $0<\alpha<1$ でかつ $\theta=-\alpha$ のときには $X<0$ に対して，

$$p(X;\alpha,-\alpha) = 0 \tag{5.29}$$

となることが，(5.25) および (5.27) 式よりわかる．この場合には，確率変数 X が正の値だけをとるような片側分布となる．

このように，安定分布は一般に積分型 (5.24) またはベキ級数展開の型 (5.27)，(5.28) 式によって表わすことができるが，初等関数*によって表現のできる場合は以下のようなほんの少例の場合しか見出されていない．$\alpha=2$，$\theta=0$ の

---

* 代数関数，指数・対数関数，3角・逆3角関数の有限回の合成によって得られる関数のこと．普通の解析学で習う関数は，すべて初等関数である．

場合には，ガウス分布になる．

$$p(X; 2, 0) = \frac{1}{\sqrt{\pi}} e^{-X^2} \tag{5.30}$$

$\alpha=1$ で $\theta=0$ の場合は，ローレンツ分布（コーシー分布）になる（(5.22) 式は $\alpha=1$ を除外しているが，(5.24) 式は $\alpha=1$，$\theta=0$ に対しては有効である）．

$$p(X; 1, 0) = \frac{1}{\pi} \frac{1}{1+X^2} \tag{5.31}$$

$\alpha=1/2$ で $\theta=-1/2$ の場合には，次のような片側分布になる．

$$p\left(X; \frac{1}{2}, -\frac{1}{2}\right) = \begin{cases} 0 \; ; & X \leq 0 \\ \dfrac{1}{\sqrt{2\pi}} \cdot e^{-1/2X} \cdot X^{-3/2} \; ; & X > 0 \end{cases} \tag{5.32}$$

$\alpha \fallingdotseq 0$ のときには，小さすぎず，また大きすぎない X に対し，X の分布は対数正規分布で近似できることが知られている[3]．

$$p(X; \alpha, -\alpha) \propto \frac{1}{X} \exp\left\{-\frac{1}{2}\alpha^2(\log X)^2\right\} \; ; \quad \alpha \fallingdotseq 0 \tag{5.33}$$

また，初等関数による表現はできないが，4.1 節で述べたホルツマーク分布は，特性指数が 3/2 の対称な安定分布である．

安定分布に関する性質は他にもいくつか知られているが，次の 2 つは比較的重要である．

（1） $1/2\,\alpha<1$ かつ $x>0$ のとき，

$$\frac{1}{x^{\alpha+1}} \cdot p\left(\frac{1}{x^\alpha}; \frac{1}{\alpha}, \gamma\right) = p(x; \alpha, \alpha(\gamma+1)-1) \tag{5.34}$$

が成り立つ．

（2） Y を指数 α の正の安定分布（すなわち $p(Y; \alpha, -\alpha)$），X を指数が β の安定分布としたとき，$Z \equiv X \cdot Y^{1/\alpha}$ は指数 $\alpha\beta$ の安定分布となる．たとえば，Y を $p(Y; 1/2, -1/2)$ とし，X をガウス分布としたとき，$Z=X \cdot Y^2$ はローレンツ分布となる．

安定分布の最も重要な特徴は，$\alpha \neq 2$ である限り，x の絶対値の大きなところで，次のようなベキの型のテイルをもつことである（ただし，分布が非対称の場合には長い方の裾野がこれに従い，短い方はこれより速く小さくなる）．

$$p(x; \alpha, \theta) \propto x^{-\alpha-1} \tag{5.35}$$

このようなテイルの存在は，$\alpha \neq 2$ のとき，(5.22) 式によって与えられる特性関数 $\phi(z)$ が原点で折れ曲がっていることからも予想されるだろう．特性関数は，

5.2 安定分布

分布関数のフーリエ変換であるから，特性関数の原点での特異性は分布関数の無限遠での特異なふるまいを表わすからである．(5.35) 式のベキの分布は，累積確率で考えれば，

$$P(x;\alpha,\theta) \equiv \int_x^\infty p(x';\alpha,\theta)\mathrm{d}x' \propto x^{-\alpha} \tag{5.36}$$

となり，(1.24) 式の型と一致する．したがって，x が長さを表わすような量の場合には，特性指数 α をフラクタル次元とみなすことができる．この点において，安定分布はフラクタルとは切り離すことができないのである．

$|X|$ が大きいところで分布が (5.36) 式のようなベキの型になっていると，分布の q 次の絶対モーメント $\langle |X|^q \rangle$ は，q が α よりも大きい場合には無限大となる．α は 2 未満であるから，とくに 2 次のモーメントである分散は，このような場合にはいつでも発散している．

$$\langle x^2 \rangle = \infty \tag{5.37}$$

安定分布のなかでは，ガウス分布だけが唯一の例外で，周知のように任意の次数のモーメントが有限である．分布の安定性，すなわち加え合わせても分布が変わらない性質は，一般的には (5.36) 式のような自己相似性および (5.37) 式のような分散の発散を導くわけである．

安定分布という概念が非常に重要なものであるにもかかわらず，いままであまり注目されなかった原因の 1 つは，この分散の発散にあると思われる．分散が無限大となることを非物理的であるとして，除外する傾向があるからである．しかし，分散が無限大であることを非物理的であると決めつけることは誤りである．かりに，母集団の分散が無限大であったとしても，それは，無限大が観測されるべきであることを意味しない．サンプルの数が有限であれば，観測されるサンプル内での分散は確率 1 で有限である．母集団の分散が有限の場合と異なるのは，サンプル数を増せば増すほど分散が大きくなり，発散する傾向を示すことである．これは，何ら非物理的ではない．実際，このようにサンプル数を増すにつれて分散が発散する傾向を示す実験事実はたくさんある．フラクタル分布においてはすべてそうであるが，最もよい例は 2.5 節でも紹介した $1/f$ 雑音であろう．半導体に直流を流したときに観測される電圧の変動の分散は，観測時間を長くすればするほど増大し，可能な限り観測時間をのばしてもその傾向は変わらない．$1/f$ 雑音は，半導体に限らず，多くの物質について見つかっているが，それらの

変動の分散は発散しているとみなす方が自然である．

たくさんの確率的変動を加え合わせた量がガウス分布になることは，中央極限定理という名でよく知られている．この定理のおかげで，ガウス分布は自然科学の各分野で特別扱いを受け，もてはやされることが多い．しかし，この定理はいつでも成立するわけではない．たとえば，特性指数が2でないような安定分布はいくつ加え合わせたところで，その定義より元の安定分布と相似であり，ガウス分布に近づくことはない．中央極限定理が成立する条件を明らかにし，さらにそれを一般化したのが，次に示す拡張された中央極限定理である．

> 確率変数 $X_1, \cdots\cdots, X_n$ を加え合わせた量 $Y_n = \sum_{i=1}^{n} X_i$ の分布が，適当に規格化することによって，$n \to \infty$ のとき，ある分布 R に収束するならば，その分布 R は安定分布である．とくに分散が有限の場合には，R は特性指数が2の安定分布（ガウス分布）である．

この定理によれば，分散が発散しているような確率的変動を加え合わせた量は，ガウス分布ではない安定分布に漸近することがわかる．したがって，分散が発散しているような確率的現象に対しては，ガウス分布以外の安定分布が最も基本的な分布であるといえるだろう．

フラクタル分布に従うような現象は，最近非常にたくさん見つかってきているが，なぜそれらの分布がきれいにベキの分布 (1.24) 式に従うのかについての一般的な説明はまだない．しかし，この拡張された中央極限定理がその説明のために大きな役割を果たすであろうことは，十分予想される．この定理によれば，分散が発散するような分布をたくさん加え合わせたものがベキのテイルをもつ安定分布になるのであるから，ある現象を，分散が発散するような素過程の和に分解することができれば，自動的にベキのテイルが生じることが理解できたことになる．

このように，安定分布は非常に重要で基本的な分布なのであるが，これまでに自然科学に応用された例は意外なほど少ない．その理由の1つは，先に述べた分散の発散にあろうが，厳密に安定分布を与えるようなモデルがあまり知られていないことも大きく影響していると思われる．そこで 4.1 節で述べた乱流モデルおよび 2.4 節の高分子の緩和以外の安定分布を与えるモデルを紹介しておこう．

(1) ローレンツ分布 $p(x; 1, 0)$ を与えるモデル

① 平面上のベクトル (w, u) が等方的に分布したランダムなベクトルの

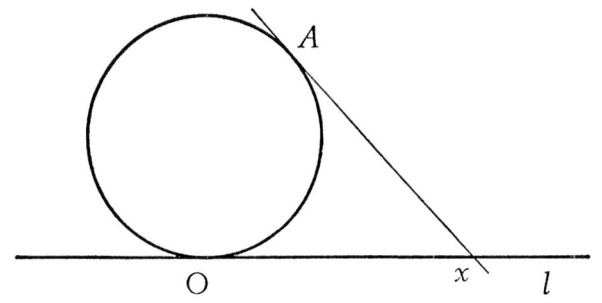

図 5.5 ローレンツ分布を与えるモデル
点Aは円周上を一様に分布する.

とき，それらの比 $x=u/w$ はローレンツ分布となる．とくに2つの独立なガウス変数の比は，ローレンツ分布に従う．

② 1つの円とそれに接する直線 l が与えられたとする．円周上の1点Aを一様な確率で選び出し，その点を通る円の接線と l の交点 x を考える（図5.5）．x の l 上での分布は，ローレンツ分布になる．

③ 平面上をブラウン運動する粒子が原点から放出されるとする．原点を通らない直線が1本あり，粒子はその直線に接触すると付着し停止すると仮定すれば，付着した粒子の直線上での位置 x はローレンツ分布に従う．

（2） 片側安定分布 $p(x; 1/2, -1/2)$ を与えるモデル

直線上をブラウン運動している粒子を，スリットを通して観測する．粒子が光を発しているとすれば，観測者は粒子がスリットのすき間にきたときだけ光のパルスを受けることになる（図5.6）．このとき，1つのパルスがきてから，次のパルスがくるまでの時間間隔 x の分布は $p(x; 1/2, -1/2)$ に従う．

変位の分布が独立な安定分布であるような確率過程を安定過程と呼ぶ．たとえば，1.4節で紹介したレビのダストをつくるときのランダムウォークは近似的に安定過程である．近似的といったのは，変位の分布が (1.24) 式のようなベキの分布なので，上の定理より，変位をたくさん加え合わせたものが，漸近的に安定分布になるからである．このようなランダムウォークを記述する確率方程式は，通常の拡散方程式にはならない．粒子の存在確率を $p(x, t)$ としたとき，変位が特性指数 α の対称な安定分布に従うならば，

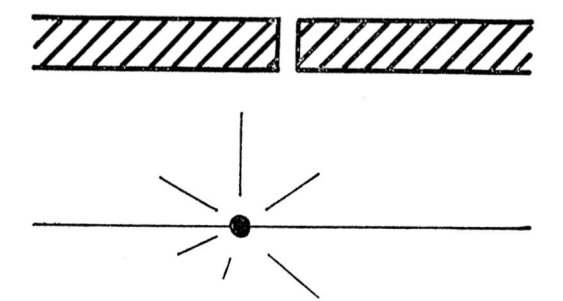

図 5.6 片側安定分布を与えるモデル
スリットの向こう側をランダムウォークしている粒子を観測した場合,粒子が光を発しているとすると観測されるパルスの時間的分布は,特性指数 1/2 の片側安定分布となる.

$$\hat{p}(k,t) = \int_{-\infty}^{\infty} e^{ikx} p(x,t) \mathrm{d}x \propto e^{-ct|k|^{\alpha}} \tag{5.38}$$

が成立する.したがって $\hat{p}$ は次の微分方程式を満たす.

$$\frac{\partial}{\partial t}\hat{p}(k,t) = -c|k|^{\alpha}\hat{p}(k,t) \tag{5.39}$$

$\alpha = 2$ の場合には,この式をフーリエ変換すれば,拡散方程式が得られるが,$\alpha \neq 2$ のときは,この式は通常の偏微分方程式では表現できない.それは,5.4 節を見ればわかるように,$|k|^{\alpha}$ が非整数階の微分演算に対応しているからである.このように拡張された拡散方程式は,ランダムなフラクタル的変動を記述する基礎的な方程式であり,たとえば 2.5 節で述べた株価の時間的変動は,$\alpha = 1.7$ を代入した上記の方程式によって近似される.

5.3 次元解析

ある物理系が与えられたとき，詳細な解析なしに，そこに現われる物理量の単位を物理的直観に基づいて解析するだけで，重要な情報が得られることがよくある．ここで，単位を解析するとは，長さ，時間，質量などの最も基本的な物理量で他の物理量を表わすことである．たとえば，速度は長さを時間で割った量であるから，

$$速度 = \frac{長さ}{時間} \tag{5.40}$$

と書ける．長さ，時間，質量をそれぞれ L, T, M と表わすことにし，(5.40) 式を次のように書くことにする（速度を v とする）．

$$[v] = \frac{L}{T} \tag{5.41}$$

このように，物理量の単位を L, T, M などに分解することを次元解析と呼ぶ．次元解析の最も良い例は，4.1 節で触れた乱流におけるコルモゴロフの $-5/3$ 乗則[4]である．以下では，それを説明することにしよう．

3次元空間中の乱流を考える．境界条件や，外力などで与えられた大きな渦は，時間とともに分裂して小さな渦となり，またその小さな渦が分裂してより小さな渦になる．このような分裂のプロセスを繰り返し，渦が非常に小さくなると，粘性が効くようになり，摩擦によって回転の運動エネルギーが不可逆に熱エネルギーに変換される．この描像は，流体の方程式から厳密に導いたものではなく，経験的ではあるが，一般によく受け入れられており，エネルギーカスケードと呼ばれている．カスケードとは，連鎖的崩壊というような意味である．エネルギーの立場から見れば，この描像は，大きなスケールの運動エネルギーが次々と小さなスケールの運動エネルギーに分割されていくことと解釈することができる．運動エネルギーを運動の大きさのスケールに分解して考えることは，エネルギースペクトル $E(k)$ を考えることとほぼ等しい．それは，$E(k)dk$ が，波数の大きさが $(k, k+dk)$ の間にあるモードのもつ運動エネルギーの平均値を表わすからである．したがって，$E(k)$ の k 依存性を知ることが乱流を理解するための第1歩であるといえる．

レイノルズ数の非常に大きな乱流は，前にも述べたように特徴的なスケールがなくなっていると期待される．すなわち，系全体の大きさよりはずっと小さく，粘性が効く長さよりはずっと大きいような中間の大きさを慣性領域と呼ぶが，そこでのエネルギースペクトルは，境界条件にも粘性にも無関係であると思われる．唯一，エネルギースペクトルと関係しそうな量は，単位時間当りのエネルギー散逸量 ε である．常に外部から大きなスケールの運動エネルギーが注入され，定常状態が保たれている状況を考えると，その注入されたエネルギーは，エネルギーカスケードによって，小さなスケールの運動エネルギーになり，最終的には粘性によって散逸される．ε はその散逸されるエネルギーの量であるが，エネルギーはカスケードの途中では保存されているので，この量は単位時間当りに注入されるエネルギー量に等しく，また慣性領域を通りぬけているエネルギー流とも等しい．

$E(k)$ が ε だけで決まるという仮定をすれば，次のような次元解析によって，$E(k)$ の k 依存性が求められる．$E(k)$ は単位質量当りの運動エネルギーのスペクトルであり，

$$\frac{1}{2}v^2 = \int_0^\infty E(k)\mathrm{d}k \tag{5.42}$$

を満足しているので，$[k]=1/L$ より，

$$[E(k)] = \left(\frac{L}{T}\right)^2 \cdot L = \frac{L^3}{T^2} \tag{5.43}$$

が成り立つ．また ε は単位時間，単位質量当りのエネルギー散逸量なので，

$$[\varepsilon] = \left[\frac{\mathrm{d}}{\mathrm{d}t}\left(\frac{v^2}{2}\right)\right] = \left(\frac{L}{T}\right)^2 \cdot \frac{1}{T} = \frac{L^2}{T^3} \tag{5.44}$$

となる．そこで，

$$E(k) \propto k^a \cdot \varepsilon^b \tag{5.45}$$

とおいてみると，両辺の単位は，

$$\frac{L^3}{T^2} = L^{-a} \cdot \left(\frac{L^2}{T^3}\right)^b = \frac{L^{-a+2b}}{T^{3b}} \tag{5.46}$$

となっており，

$$3 = -a + 2b, \quad 2 = 3b \tag{5.47}$$

を満たさなければならない．これより，$a=-5/3$, $b=2/3$ となるので，

$$E(k) \propto k^{-5/3} \cdot \varepsilon^{2/3} \tag{5.48}$$

が得られる．これがコルモゴロフの $-5/3$ 乗則である．

5.3 次元解析

いまの議論では，ε が空間的に一様，つまりフラクタル的でないことを暗に仮定していた．エネルギー散逸領域が D 次元のフラクタルである場合には，次のように ε に k 依存性が生じてくる．まず，考えている流体を1辺の長さが $1/k$ 程度の立方体に仮想的に分割する．それらの立方体のうち，エネルギー散逸領域を含むものの個数 $N(1/k)$ は，

$$N(1/k) \propto (1/k)^{-D} = k^D \tag{5.49}$$

と表わせる．立方体の総数は k^3 に比例するので，1つの立方体がエネルギー散逸領域に属する確率 $p(1/k)$ は，

$$p(1/k) = k^{D-3} \qquad (k>1) \tag{5.50}$$

となる．したがって，散逸領域以外では，$\varepsilon=0$ であると仮定すれば，散逸領域に属する立方体における ε の値 ε^* は，ε の全空間での平均を $\langle\varepsilon\rangle$ としたとき，

$$\varepsilon^* = \langle\varepsilon\rangle \cdot p(1/k)^{-1} \tag{5.51}$$

と与えられる．(5.51) 式を用いれば，

$$\langle\varepsilon^{2/3}\rangle = (\varepsilon^*)^{2/3} \cdot p(1/k)$$
$$= \langle\varepsilon\rangle^{2/3} \cdot k^{(D-3)/3} \tag{5.52}$$

となり，

$$E(k) \propto k^{-5/3} \cdot \langle\varepsilon\rangle^{2/3} \cdot k^{(D-3)/3}$$
$$= \langle\varepsilon\rangle^{2/3} \cdot k^{(-5/3)-(3-D)/3} \tag{5.53}$$

が導かれる[5]．

次元解析によって得られた (5.53) 式は，実際に実験的に検証することができるはずである．図 5.7 は，実験室でつくりだされた乱流のエネルギースペクトル $E(k)$ と k の関係を log-log プロットしたものであるが[6]，慣性領域に見られる直線的な部分はほぼ $k^{-5/3}$ になっており，コルモゴロフの次元解析の結果が正しいことを裏づけている．しかし，残念ながら $-5/3$ 乗則からの補正 (5.53) 式が確かめられるほど，実験の精度は高くないようである．

さて，もう1つの次元解析の例として，高分子に対するフローリー (Flory, 1910—) の理論を紹介しよう[7]．半径約 a のモノマーが糸状に N_s 個並んだ高分子を考える．いま，この高分子が熱運動によってぐにゃぐにゃになり，およそ半径 R 程度に広がっているとすると，その半径以内でのモノマーの平均密度 ρ_c は，

$$\rho_c = \frac{N_s}{R^d} \tag{5.54}$$

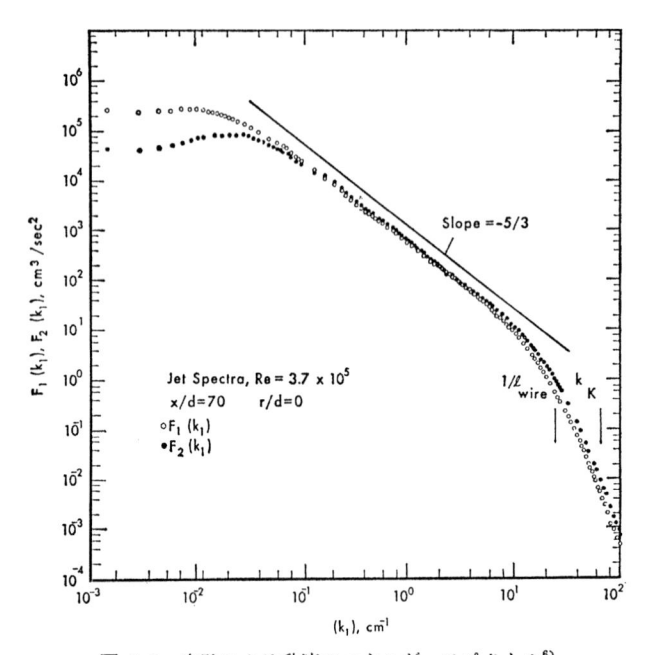

図 5.7 実験による乱流のエネルギースペクトル[6]
横軸は波数, 縦軸はエネルギー

と与えられる. ここで d は空間の次元であり, ρ_c の定数倍の違い(たとえば $d=2$ のとき $1/2\pi$)は無視している. 平均場近似[*1]を適用すると, 1本の高分子の自由エネルギー[*2]は, 次のように評価される.

$$F = a^d R^d \rho_c{}^2 + \frac{R^2}{N_s a^2} \tag{5.55}$$

ここで, 右辺の第1項は, 排除体積効果による反発力を表わし, 高分子を引き伸ばそうとする項であり, 第2項は確率的なゆらぎで高分子があまり大きく伸びるのを阻止し縮めようとする項である. 高分子の構造は, この両者のつりあいによって決まる. 高分子のフラクタル次元を D とすれば,

$$N_s \propto R^D \tag{5.56}$$

という関係が成り立つ. すると, (5.54) および (5.56) 式を代入することによ

[*1] 多体問題を解くための最も簡単な近似方法で, 問題を平均的な場の中を運動する一体問題に直す方法. 分子場近似ともいわれる.
[*2] 熱力学特性関数の一種で, $F = U - TS$ (U は内部エネルギー, S はエントロピー, T は絶対温度) によって定義される. 閉じた系での熱平衡条件は, F の極小によって与えられる.

り，自由エネルギーの第1項は，

$$a^d R^d \rho_c^2 \propto R^{2D-d} \tag{5.57}$$

と評価され，また第2項は，

$$\frac{R^2}{N_s a^2} \propto R^{2-D} \tag{5.58}$$

となることがわかる．したがって，第1項と第2項がつりあうためには，

$$2D - d = 2 - D \tag{5.59}$$

が成立しなければならず，フラクタル次元 D は次の値をもつことになる．

$$D = \frac{2+d}{3} \tag{5.60}$$

この式によって決まるフラクタル次元は，$d=3$ のとき 5/3 となり，2.4節で述べたように，実際の観測による値とよく合っている．

(5.60)式が成立する d の範囲には制限がある．$d \geqq 5$ の場合には，この式は成立せずに，常に $D=2$ となるのである．この制限は (5.57) および (5.58) 式より導かれる．自由エネルギーは，R が大きいほど大きくなるはずであるから，$2D-d \geqq 0$, $2-D \geqq 0$ でなければならない．これらより，$D \leqq 2$, $d \leqq 4$ が要請されるわけである．3.5節でも触れたように，糸状のランダムな高分子の構造は，自己回避ランダムウォークの軌跡によってモデル化される．一般にランダムウォーク（ブラウン運動）の軌跡のフラクタル次元がたかだか2であることからも，この制限は直観的に理解されるだろう．

5.4 非整数階の微積分

微分や積分の階数は，次元と同様に非整数にまで拡張しうることが知られている．1.24階の微分や0.3階の積分といった量を考えることができるのである．こうした考え方は，当然推測されるように，フラクタルとは密接な関係をもっている．

正弦波 e^{ikx} に対しては，微分演算 d/dx を n 回施すことは，$(ik)^n$ をかけることに等価である．

$$\frac{d^n}{dx^n} e^{ikx} = (ik)^n \cdot e^{ikx} \tag{5.61}$$

n が0を含めた自然数のとき，この等式は明らかである．n が負の自然数のとき

には，n 階微分を $|n|$ 階積分とみなすことにより，(5.61) 式が成立する．ただし，そのとき積分定数に関する項は無視するものとする．n が非整数のときには (5.61) 式を非整数階の微分の定義と考えることができる．このように，単一の正弦波に関しては，非整数階の微積分を考えることは容易である．

一般の関数についても，この微分の定義を拡張できる．関数 $f(x)$ の n 階微分を次のようなフーリエ変換によって定義すればよい．

$$\frac{d^n}{dx^n}f(x) \equiv \frac{1}{2\pi}\int_{-\infty}^{\infty}(-ik)^n \hat{f}(k)\cdot e^{ikx}dk \qquad (5.62)$$

$n=0$ の場合が普通のフーリエ変換で，それによって $\hat{f}(k)$ が決められる．この式も n が整数の場合には，通常の微積分と一致する．

一般にある関数を積分すると関数の滑らかさが増し，微分をすると滑らかさが減少することが知られている．このことは，非整数に拡張された微積分についてもいえる．関数 $f(x)$ のスペクトル $S(k)$ が，次のように k のベキになっている場合を考えてみる．

$$S(k) \equiv |\hat{f}(k)|^2 \propto k^{-\alpha} \qquad (5.63)$$

f を n 回微分した関数のスペクトルを $S^{(n)}(k)$ とすれば，(5.62) 式より，

$$S^{(n)}(k) \propto k^{-\alpha+2n} \qquad (5.64)$$

となる．$1<\alpha<3$ のとき，関数のグラフのフラクタル次元を D とすると，

$$\alpha = 5-2D \qquad (5.65)$$

という関係が成立することを 1.3 節で述べた．上に示した (5.63)～(5.65) 式によれば，$f(x)$ のグラフのフラクタル次元が D であるとき，$f(x)$ を n 階微分した $d^n/dx^n f(x)$ のグラフのフラクタル次元 $D^{(n)}$ は，

$$D^{(n)} = D+n \qquad (5.66)$$

となる．ただし，この関係式は D および $D^{(n)}$ が 1 と 2 の間になるような非整数の n について有効である．$n>0$ のとき，$D^{(n)}>D$ となることより，微分をすると，グラフのフラクタル次元は大きくなり，グラフは元よりも複雑になることがわかる．また逆に，$n<0$ のときは $D^{(n)}<D$ となるが，これは積分によってグラフが平滑化されることを示している．これらのことより，非整数階の微積分を演算することによって，曲線のフラクタル次元を連続的に変化させることができることがわかるであろう．

定義式 (5.62) は，直観的にはわかりやすいが，数学的には収束性の問題など

があり，あまりよい定義とはいえない．数学的に厳密な非整数階の微積分は，次のように定義する[8]．

$\varphi(x)$ が任意の有限区間で積分可能で，$x \to -\infty$ のとき十分速く0になるならば，任意の正の数 n に対して，

$$I^n \varphi(x) \equiv \frac{1}{\Gamma(n)} \int_{-\infty}^{x} \varphi(y)(x-y)^{n-1} dy$$

$$= \frac{1}{\Gamma(n)} \int_{0}^{\infty} \varphi(x-y) y^{n-1} dy \tag{5.67}$$

を φ の n 階の積分という．また φ が N 回連続微分可能ならば，$-N < n < 0$ に対して，I^n を

$$I^n \varphi(x) \equiv \frac{1}{\Gamma(n)} Pf \int_{0}^{\infty} \varphi(x-y) y^{n-1} dy \tag{5.68}$$

によって定義する．ただし，Pf は発散積分の有限部分をとることを示す．このように定義した I^n には，次のような性質がある．

$$I^\lambda(I^\mu \varphi) = I^{\lambda+\mu} \varphi, \quad I^0 \varphi = \varphi \tag{5.69}$$

$$I^{-r} \varphi(x) = \frac{d^r}{dx^r} \varphi(x) \quad (r=0, 1, 2, \cdots, N) \tag{5.70}$$

また，たとえば次のようなことが成立する．

$$I^\lambda(x^\mu) = \frac{\Gamma(\mu+1)}{\Gamma(\lambda+\mu+1)} x^{\lambda+\mu}, \quad x \geqq 0 \tag{5.71}$$

$$I^\lambda(e^{ax}) = \frac{1}{a^\lambda} e^{ax}, \quad a > 0 \tag{5.72}$$

これらより，$n > 0$ とき I^n は積分を，$n < 0$ ときには微分を一般化したものであることが確認されるであろう．この定義を用いても，(5.63)～(5.66) 式は成立することが知られている．

まったく無相関な変動は，白色雑音と呼ばれているが，それを1階積分したものが，通常のブラウン運動 $B(x)$ である．白色雑音のスペクトルはすべての振動数を平等に含んでおり，k^0 (定数) に比例している．したがって，$B(x)$ のスペクトルは k^{-2} に比例していることがわかる．(5.65) 式によれば，このことから $B(x)$ のグラフのフラクタル次元は1.5になる．ブラウン運動の軌跡は2次元的であることを2.4節で述べたが，軌跡がどの座標軸に対しても自由に動けるのに対し，グラフは1つの座標軸についてだけしか自由に変動できないので，フラクタル次元が小さくなるのである．このブラウン運動 $B(x)$ を非整数回微積分する

ことにより，グラフのフラクタル次元が，$D(1<D<2)$ であるような確率過程を作ることができる．通常，そのようなランダムな運動は，非整数ブラウン運動と呼ばれ，新しいパラメータ $H(0<H<1)$ を導入し，$B_H(x)$ と表わされる．

$$B_H(x) \equiv I^{H-1/2}(B(x))$$
$$= \frac{1}{\Gamma(H+1/2)} \int_{-\infty}^{x} (x-y)^{H-1/2} dB(y) \quad (5.73)$$

この積分は一般には発散するが，差 $B_H(x+X)-B_H(x)$ は有限であり，意味がある．$H=1/2$ が元のブラウン運動を表わし，$H>1/2$ の場合には，$B_H(x)$ はブラウン運動よりも滑らかな確率過程となる．H は，フラクタル次元 D と次の関係で結ばれている．

$$D = 2 - H \quad (5.74)$$

また，$B_H(x)$ は次のような自己相似性をもっていることが知られている．

$$B_H(x+X) - B_H(x) \stackrel{d}{=} h^{-H} \{B_H(x+hX) - B_H(x)\} \quad (5.75)$$

ここで h は任意の正の数である．つまり，大きなスケールの変動は，適当に規格化することによって，小さなスケールの変動と同じ分布に従うようにできるわけである．マンデルブロの『フラクタル幾何学』[9] には，コンピュータの描いたランダムな地形の図がたくさん載っているが，それらはどれも $B_H(x)$ のグラフにほかならない．x を2次元空間の座標とし，地面の高さを $B_H(x)$ とすれば，H を適当に調整することにより，$B_H(x)$ のグラフが自然な地形を思わせる形になるのである．この方法はコンピュータグラフィックスへの応用上非常に重要である．このランダムウォークのより詳しい数学的性質については，6.4節を参照されたい．

―――tea time―――

安定分布

　人間の個性の分布は安定分布になっているのではないだろうか，と思うことがある．個性というものを，どう定量化すべきであるかについてはまったく知らないし，具体的な提案をする気もない．したがって，まったく直観的で感覚的なレベルの話なのだが，そう思えるのである．

　きっかけとなったのは，岸田秀の『ものぐさ精神分析』(中公文庫，青土社)だった．彼は，この本の中で，日本をひとりの人間(幼児)に置き換え，明治維新以降の近代史を精神分析学的に解明している．実にあざやかでおもしろいと感じたのであるが，同時に1つの疑問が湧いてきた．それは，なぜ1億人もの集合体である国家をひとりの人間に置き換えることが可能なのであろうか，という問題である．独裁国ならいざしらず，日本の政策は，基本的には多くの人が意見を出し合って決まってきたはずである．もしも，多数によって平均化された意見が国家の政策となるならば，それはもとの個々の人間の意見よりも，ずっとおとなしい常識的なものになるはずではなかろうかと思い，彼の理論の基本仮定に不安を感じたのである．

　しかし，この不安は安定分布によって解消された．各人の意見の分布がもしも安定分布ならば，それを足し合わせた意見もやはりもとと同じ分布になり，結局，国家の政策の分布が個人の意見の分布と相似になるからである．

　このように，たくさんの人の集合が，個人と同様なふるまいをすることを，実は，我々は日常的に体験している．たとえば，会社にも積極的な会社もあれば消極的な会社もあるのがよい例だろう．どんな大企業にもちゃんと個性はあるように思える．また，国家間の戦争が起こりうるのも，国家に個人と同様の感情の起伏があることの証拠になるのではなかろうか？　万人の平均値である理性や常識は，いかなる理由があれ，個人的には何のうらみもない人間どうしの殺し合いを認めるはずがないからである．

6. フラクタルの拡張と注意

フラクタルに関する基本的なことは，これまでの章の内容だけで十分である．したがって，この章は付録としての意味合いが強い．本章のねらいは，多少デリケートな話題や本論から少しそれた話題をいろいろ紹介することによって，フラクタルへの理解をより一層深めることにある．

6.1 フラクタル次元の拡張

フラクタル次元は，自己相似的なランダムな形や現象を定量的に表わすための最も基本的な量である．しかしながら，フラクタル次元という1つの数字だけで複雑な形や現象のすべてを記述することは到底不可能なので，フラクタル次元を拡張する必要性が生じてくる．フラクタル次元を拡張する考え方は，大きく分けて2通りある．一方は，フラクタル次元を定数ではなく，観測の尺度に依存させ，自己相似性が成り立たないような領域でも使えるようにする考え方である．また他方は，相似性が成立している場合において，フラクタル次元だけでは記述されない情報を補うために，新たに別の量を導入するという考え方である．

第1章でも述べたように，現実に存在する物質の場合，フラクタル的性質をもっているといっても，それが成立するスケールには必ず上限と下限が存在し，ある限られた観測尺度の範囲の中でのみ自己相似性が成立している．フラクタル次元が意味をもつのは当然その範囲の中でだけである．それに対し，フラクタル次元を自己相似性の成り立たないような範囲にまで適用できるようにしようという試みがある．フラクタル次元が複雑な形や現象を記述するのに大変威力を発揮していることから考えれば，その適用範囲を拡大することは歓迎されるべきであろ

う．フラクタル次元の提唱者であるマンデルブロ自身も，「有効次元」という名でそのような拡張への可能性を示唆している．以下にその考え方を説明しよう[1]．まず糸を丸めて作ったボールを考えてみる．遠くから見ればボールは0次元的（点）に見えるが，近くまでくれば3次元的（球）になる．さらに虫めがねでそれを見ると1次元的（糸）になり，それをさらに拡大すると円柱状の3次元的構造が見えてくる．この例からもわかるように，ある物を観察したときに，それが何次元的に見えるかという問題は，本来観測の尺度に依存するのである．このように，観測の尺度に依存する次元については既に何人かの研究者によって研究されており，いろいろな例題について定量的な評価がなされている[2]．次に，その中の1つを紹介しよう[3]．

フラクタル次元の最も基本的な定義は，粗視化の度合（あるいは観測の尺度）r と，そのとき観測されるものの個数 $N(r)$ によって，次のように考えられている．

$$D = -\frac{\log N(r)}{\log r} \tag{6.1}$$

一般的には関数 $N(r)$ が非常に特殊な関数型（ベキ）以外の場合には，この式の右辺は定数にならないので，通常のフラクタル次元は定義できない．そこで，(6.1)式を拡張して，$N(r)$ がベキ以外の場合にもフラクタル次元が定義できるようにすることを考える．(6.1)式の D が両対数グラフに r と $N(r)$ をプロットしたときのグラフの傾きを表わしていることからすれば，観測の尺度が r のときのフラクタル次元 $D(r)$ を次のように，点 $(r, N(r))$ におけるグラフの傾きとして定義するのが最も自然であろう．

$$D(r) = -\frac{\mathrm{d} \log N(r)}{\mathrm{d} \log r} \tag{6.2}$$

このように拡張されたフラクタル次元は，$N(r)$ が滑らかな関数でありさえすればいつでも確定するので，上限や下限にわずらわされることはない．もちろん $N(r)$ がベキの場合には通常のフラクタル次元と一致する．(6.2)式を逆に解くと次式が得られる．

$$N(R) = N(r) \cdot \exp\left(-\int_r^R \frac{D(s)}{s} \mathrm{d}s\right) \tag{6.3}$$

この式は2つの尺度 R と r での観測値 $N(R)$ と $N(r)$ がフラクタル次元とどういう関係で結びつくかを示している．

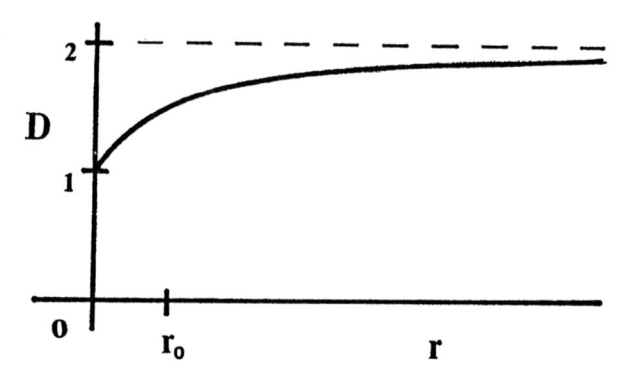

図 6.1 平均自由行程が有限なランダムウォークのフラクタル次元
r は観測スケール, D はフラクタル次元, r_0 は $D=3/2$ となる尺度

さて,次にこのように拡張されたフラクタル次元が実際にどのように応用されているかを見てみよう.平均自由行程*が有限であるようなランダムウォークを考える.数学的なブラウン運動の軌跡のフラクタル次元が2であることは既に述べたが,平均自由行程が有限である場合のフラクタル次元は,観測尺度に依存することが期待される.平均自由行程よりもずっと短い尺度で観測をすれば,粒子の軌跡は直線的に見えるはずであり,逆に非常に大きな尺度で観測したときには通常のブラウン運動と区別ができなくなるはずである.1次元空間中の平均自由行程が有限であるようなマルコフ的ランダムウォークに対しては,くりこみ群の方法を用いて,次のような厳密解を得ることができる.

$$D(r) = 2 - \frac{1}{1+\dfrac{r}{r_0}} \tag{6.4}$$

ここで r_0 は平均自由行程に比例するようなパラメータである.この $D(r)$ のグラフ(図6.1)からも明らかなように $D(0)=1$, $D(\infty)=2$ となっており,先に述べた直観的な予想が正しいことがわかる(この $D(r)$ は,空間の次元 $d=1$ よりも大きくなるが,それはこの量がハウスドルフ次元ではなく,次節および6.4節で述べる潜在次元 D^* であるからである).(6.4)式は1次元空間中のランダムウォークに対する式であるが,3次元空間中のランダムウォークに対しても非常によく合うことが最近確認された.(6.4)式に基づけば,単位長さ r で測定し

---

* ある粒子に着目したとき,1つの衝突から,次の衝突までの間に進む距離の平均値.0°C,1気圧の気体や金属では約 10^{-7}m.

たランダムウォークの軌跡の長さ $L(r)$ は，次のように与えられる．

$$L(r) \propto \frac{1}{1+\dfrac{r}{r_0}} \tag{6.5}$$

図 6.2 の点は，シミュレーションによる剛体球ガスのランダムウォークの軌跡より測定した $L(r)$ の平均値である[4]．実線は (6.5) 式が与える曲線であるが，2 桁以上の領域でよく一致していることがわかる[5]．(6.5) 式はさらに，実際の溶液中の微粒子のランダムウォークに対してもよい結果を与えることが確かめられている[6]．このように，平均自由行程が有限で通常のフラクタル次元が定義できないようなランダムウォークに対しても，観測尺度に依存するように拡張されたフラクタル次元は適用でき，実際の現象の記述におおいに役立つのである．

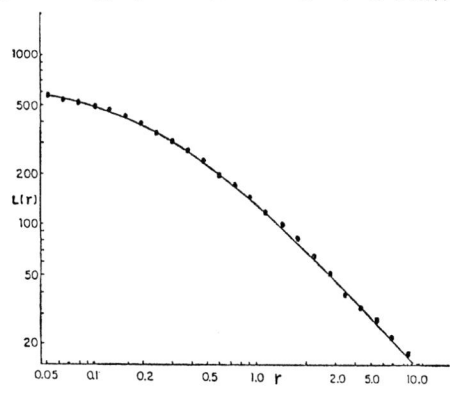

図 6.2 分子のランダムウォークの軌跡の長さ $(L(r))$
シミュレーションによる $(\cdot)$ [4] 値と理論値 (─) [5]

さて，フラクタル次元を拡張するもう 1 つの立場は，フラクタル次元だけでは表現しきれない情報を，高次のフラクタル次元を導入することによって補おうとするものである．たとえば，ある集合のフラクタル次元が 1.3 であるということがわかっても，それだけではその集合がバラバラな点の集まりなのか，ぐしゃぐしゃになった線から構成されているのかすらわからない．このような集合を構成する要素に関する情報は，トポロジカル次元 d_T と呼ばれる量によって与えられる．この次元はフラクタル次元よりも基本的な量で 6.4 節で改めて説明するように，整数値をとり，位相を変えない変換*のもとで不変である．すなわち，空間を適当に伸ばしたり縮めたりねじったりすることによって，孤立した点の集合に変

---

* 集合 X と Y が与えられたとき，連続関数 $f: X \to Y$ が全単射で，逆写像 $f^{-1}: Y \to X$ も連続であるとき，X と Y の位相が同じであるという．切ったり，貼ったりしないで，連続的に X から Y に変形できること．

換できるような集合のトポロジカル次元は 0 となり，直線に変換できるような集合のトポロジカル次元は 1 となる．カントール集合とコッホ曲線のトポロジカル次元がそれぞれ 0 と 1 であることは明らかであろう．シルピンスキーのギャスケットの場合は，自明ではないが $d_T=1$ となることが知られている．一般にフラクタル次元はトポロジカル次元よりも大きいか等しい*．

第 1 章で導入したハウスドルフ次元 D_H や容量次元 D_C，そして情報量次元 D_I は不等号で関係づけられていた．整然としたフラクタルを求める立場からすれば，これらの量が等号で関係づけられることが望ましい．しかし，同一のフラクタル次元を与える集合をさらに細かく分類しようとする立場に立つならば，これらの量に等号関係が成り立たない方が都合がよい．つまり，同一のハウスドルフ次元を与える集合があったときに，それらの情報量次元が異なる値をとるならば，情報量次元によってそれらを分類することができるからである．このような観点からすれば，異なる値をとりうる高次のフラクタル次元がたくさんあればあるほど，似かよったものをより細かく区別できることになり，便利である．そこで，次に無限個の高次のフラクタル次元を定義する方法を紹介する[7]．

d 次元空間中に，確率的に点が分布しているとする．情報量次元を定義したときのように，空間を 1 辺が ε の d 次元立方体に分割し，各々の立方体に点の入る確率を p_i とする．任意の正の数 $q(\neq 1)$ に対し，次数 q の情報量 $I_q(\varepsilon)$ を次式によって定義する．

$$I_q(\varepsilon) = \frac{1}{1-q} \log \sum_i p_i^q \tag{6.6}$$

この量に対して，$\varepsilon \to 0$ の極限，

$$D_q = \lim_{\varepsilon \to 0} \frac{I_q(\varepsilon)}{\log(1/\varepsilon)} \tag{6.7}$$

で決まる D_q を q 次の情報量次元と呼ぶことにする．この量が情報量次元を拡張した量であることは，$q \to 1$ の極限を考えてみると，$p_i^q = \exp(q \log p_i)$ であることより，

$$\lim_{q \to 1} \frac{1}{1-q} \log \sum_i p_i^q$$

---

* マンデルブロは，以前，フラクタルの定義を，ハウスドルフ次元がトポロジカル次元よりも大きいもの $(D_H > D_T)$ としていた[1]．しかし，最近は，これをフラクタルの定義とすべきではない，と意見を変えている[16]．それは，D_H がはっきり求められないようなものや，求められても $D_H = D_T$ であるものの中にも，興味深いものがたくさんあることがわかってきたからである．フラクタルに厳密な定義を与えるのは，まだ少し先のことになるだろう．

$$= \lim_{\delta \to 0} \left\{ -\frac{1}{\delta} \log(1 + \delta \sum_i p_i \log p_i) \right\}$$
$$= -\sum_i p_i \log p_i \tag{6.8}$$

となり，$I_1(\varepsilon)$ が通常の情報量と一致することからわかる．また，それだけでなく，$q \to +0$ のときには，この量は容量次元と一致する．それは，

$$\lim_{q \to +0} p_i{}^q = \begin{cases} 0 \ ; & p_i = 0 \\ 1 \ ; & p_i \neq 0 \end{cases} \tag{6.9}$$

となるので，$\sum p_i{}^0$ は点を含む箱の数 $N(\varepsilon)$ にほかならないからである．

このように，D_q は $q=0$ のときに容量次元，$q=1$ のときに情報量次元となるが，さらに $q \geq 2$ の整数の場合には，次のような物理的意味づけが可能である．M 個の点 $\{x_i\}$ から，お互いの距離が ε 以下であるような q 個の点の組 $(x_{i1}, x_{i2}, \cdots, x_{iq})$ を考え，そのような点の組の数を $N_q(\varepsilon)$ とする．次数 q の相関積分と呼ばれる量は次のように定義される．

$$C_q(\varepsilon) = \lim_{M \to \infty} M^{-q} \cdot N_q(\varepsilon) \tag{6.10}$$

このとき，$C_q(\varepsilon) \fallingdotseq \exp\{(1-q)I_q(\varepsilon)\}$ という関係が成立するので，もしも

$$C_q(\varepsilon) \propto \varepsilon^{\nu_q} \tag{6.11}$$

というベキ乗則を満たすときには，D_q は ν_q と次のような等号によって結びつけられる．

$$\nu_q = (q-1) \cdot D_q \tag{6.12}$$

ここで現われた指数 ν_q は，次数 q の相関指数と呼ばれている．とくに $\nu_2(=D_2)$ は，カオスにおける奇妙なアトラクターのフラクタル次元を計算する場合によく使われる量で，距離が ε 未満の点のペアの総数が ε とともに変化する割合を定量的に表わしている．この量が 1.3 節の（3）相関関数より求める方法，で紹介したフラクタル次元とほとんど同価であることは明らかであろう．

q 次の情報量次元 D_q には，2 つの大切な性質がある．1 つは q が大きいほど D_q は小さいということ，すなわち，

$$D_q \geq D_{q'} \qquad (q < q') \tag{6.13}$$

という不等式を常に満足することである．これより，とくに q が $0, 1, 2$ の場合を考えると，

$$D_C \geq D_I \geq \nu_2 \tag{6.14}$$

という関係が成り立つことがわかる．第 1 章でも述べたようにハウスドルフ次元

D_H は $D_C \geqq D_H \geqq D_I$ を満たしているので,一般に q 次の相関指数 ν_q は D_H よりも小さいかあるいは等しい(R^d 中に点が一様分布している場合には,すべての $q \geqq 0$ に対し,$D_q = d$ となる).

　もう1つの大切な性質は,D_q が微分可能な写像による変形のもとで不変であることである.微分が不可能なほど激しく空間を変形すれば,さきほど紹介したトポロジカル次元 D_T 以外の量は変化してしまうが,空間を滑らかにゆがめた程度では D_q は変わらない.このことについては,6.4節で改めて議論する.

　これまでは,通常の距離 ($r = \sqrt{x_1^2 + x_2^2 + \cdots + x_n^2}$) をもとにしてユークリッド空間中の集合の次元を解析してきたが,通常の距離がすべての問題に対して適当であるとは限らない.たとえば,3.3節や5.1節で紹介したような,格子上でのパーコレーションを考えてみる.このような場合には1つの連結したクラスターの中の2点間の距離としては,通常の距離ではなく,2点を結ぶ連結した辺の数の最小値を考えた方が物理的な意味合いが濃くなる.というのは,ある格子点上に置かれた電子は連結された辺上のみを動きうるので,2点を結ぶ辺の数が少ないほど,電子はその2点間をすばやく移動することができるからである.このような問題を考える場合には,ある点から連結した辺 n 個によって到達できる格子

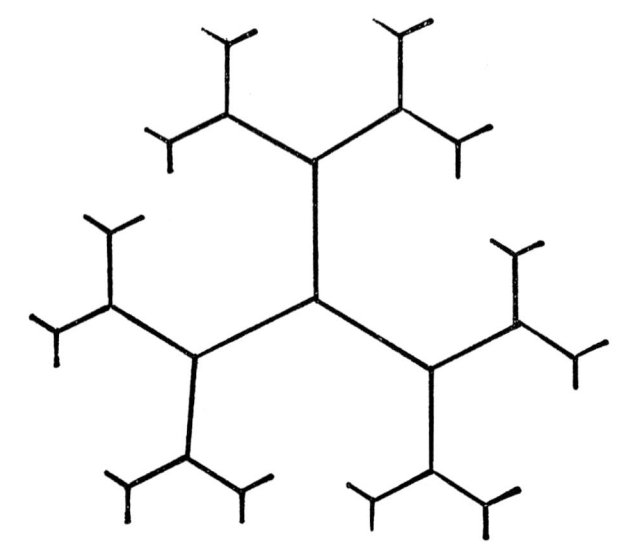

図 6.3 ケーリートゥリー
実際の分岐は無限に続く.

点の数 $N(n)$ が，最も基本的な量となる．$N(n)$ が n のベキ乗で増加するとき，連結した格子点の広がりはフラクタル的である．このとき，次式によって定義される $\hat{D}$ を広がり次元と呼ぶことにする[8]．

$$N(n) \propto n^{\hat{D}} \tag{6.15}$$

このように連結した格子上で定義される次元は当然それが埋め込まれている空間には無関係である．したがって，平面上に描いた図形の次元が2を越えることも十分ありうる．たとえば，図6.3に示したケーリートゥリーと呼ばれる図形の場合に $n \to \infty$ とすると $\hat{D} = \infty$ となることを確かめてみていただきたい．広がり次元は，格子系の問題を扱うときには，重要な意味をもつことが多い．が，ここではこれ以上立ち入らないことにする．

6.2 種々の次元のまとめ

第5章まででは，厳密には区別すべき種々の次元を一括してフラクタル次元と呼び，あえてそれらの間の差異を見ようとはしてこなかった．それは，非整数値をとりうる次元について，まだなじみの少ない読者を意識し，必要以上に混み入った議論を避けるためであった．しかし，厳密なことを好む人，またそうでなくともフラクタルを実際に自分で応用してみようと思う人にとっては，本来異なる量をあいまいにしておくことは，かえって混乱を招くことになろう．そこで，ここでは，これまで出てきた次元を整理し，大小関係等わかっている範囲でまとめてみることにする．

まず，改めて記号を整理しておこう．これまでに，登場した次元をまとめてみる．

d；ユークリッド次元；考えている集合を埋め込んでいるユークリッド空間 $\mathbf{R}^d$ の次元．自然数値のみをとる（1.3節）．

D；フラクタル次元；厳密な定義はない．非整数値をとりうる次元の代表．しばしば，ハウスドルフ次元，あるいは容量次元と同一視される（1.3節）．

D_S；相似性次元；厳密な自己相似性を有するものに対して定義される（1.3節）．

D_H；ハウスドルフ次元；最も能率的な被覆によって定義される次元（1.3

節).

D_C; 容量次元; 同じ大きさ, 形のもの (球または立方体) による被覆に基づいて定義される (1.3 節).

D_I; 情報量次元; 空間を等分割したときに, それらに点の入る確率をもとに定義される (1.3 節).

D_q; q 次の情報量次元 ($q \geq 0$); 情報量次元を拡張したもの. 特別の場合として, 容量次元, 情報量次元, q 次の相関指数を含む (6.1 節).

D_L; リアプノフ次元; カオス的なアトラクターの次元として, リアプノフ数によって定義される (3.2 節).

d_T; トポロジカル次元; 整数値のみをとる次元. 位相を変えない写像のもとで不変 (6.1 節).

$\tilde{D}$; スペクトル次元; フラクタル構造上のランダムウォークに関連した量 (4.2 節).

$\hat{D}$; 広がり次元; 格子状の構造に対して定義される量 (6.1 節).

次に, これらの値の関係について述べることにする. スペクトル次元と広がり次元を除いて, 他のすべての非整数値をとりうる次元は, d_T 以上であり, かつ d 以下である.

$$d_T \leq D, D_S, D_H, D_C, D_I, D_q, D_L \leq d \tag{6.16}$$

とくに, ユークリッド空間を埋めつくすような集合の場合には, $d_T = d$ となるので, これらの次元はすべて同一の値となる. また, 次のような不等式が成立する.

$$D_C \geq D_H \geq D_I \geq D_q \quad (q > 1) \tag{6.17}$$

$$D_S \geq D_H \tag{6.18}$$

(6.17) 式については, 既に述べている. (6.18) 式で D_S と D_H が等しくならない場合とは, たとえば実数軸上の有理数の集合を考えたときである. 有理数の集合は自己相似的であり, $D_S = 1$ となる. ところが, 有理数は可算集合*なので, $D_H = 0$ となってしまうのである (最も効率的な被覆をするとき, 被覆する球の直径はどんな ε に対しても無限小となってしまうことに注意してほしい). これに対して, 有理数の容量次元は $D_C = 1$ となっており, 一般に D_S が定義される場合には,

---

* 自然数と 1 対 1 の対応のつく集合は, 番号をつけ, 数え上げることができるので, 可算集合と呼ばれている. 元の数が有限である集合は, もちろん可算集合である. 有理数全体の集合も, 数は無限個あるが, 分数表示することによって, 番号づけができるので可算集合である.

$$D_C = D_S \tag{6.19}$$

となることが予想される．なお，考えている集合の閉包[*1]を対象とすれば，

$$D_C = D_S = D_H \tag{6.20}$$

が成立する．実在する物を扱うときには，閉集合だけを考えれば十分なので，(6.20)式が常に成立するものと思っていてもよい．

リアプノフ次元は，一般に情報量次元と等しくなると推測されている．

$$D_I = D_L \tag{6.21}$$

また，2次元の微分同型[*2]な関数による写像の奇妙なアトラクターに制限すれば，

$$D_L = D_I = D_2 = D_{C'} = D_{H'} \tag{6.22}$$

が成立することが証明されている[9)]．ここで，$D_{C'}$ と $D_{H'}$ はアトラクター上の点のうち，測度に寄与する点（アトラクターの芯）の容量次元，およびハウスドルフ次元を表わす．つまり，点の希薄なところを除いて測った次元である（したがって $D_{C'} \leq D_C$, $D_{H'} \leq D_H$）．実際にコンピュータによっていろいろなアトラクターを調べてみると，$D_C \fallingdotseq D_L$ となることが多いという報告もある[9)]．したがって，アトラクターの次元に関しては，不等号にあまり神経質にならなくともよいであろう．

スペクトル次元に関しては，シルピンスキーのギャスケットおよびそれを高次元ユークリッド空間中に拡張したものに対しては，

$$D_H \geq \tilde{D} \tag{6.23}$$

が成立することが知られている．マンデルブロによれば，$\tilde{D}$ は一般的に次のように別の量のフラクタル次元によって表わすことができる[10)]．

$$\tilde{D} = 2D_H/D_W = 2(1 - D_R) \tag{6.24}$$

D_H は，考えている連結したフラクタル構造におけるハウスドルフ次元を表わし，D_W はその上でのランダムウォークの軌跡のハウスドルフ次元を表わす．D_R は，ランダムウォークが出発点に戻る時刻の集合のハウスドルフ次元であり，再帰時刻のフラクタル次元と呼ばれる．D_R は負になることもあり，そのときにはランダムウォークは出発点に戻ってこない．この場合，(6.24)式より明らかなように，$\tilde{D} > 2$ となっている．逆に $\tilde{D} < 2$ のときには，$D_R > 0$ となり，ランダムウォ

[*1] 集合 A の閉包とは，A を含むすべての閉集合の共通集合のこと．直観的には，A にふちをつけて閉集合化したもののこと．
[*2] 集合 X と Y が微分同型であるとは，X から Y への無限回微分可能な全単射な写像が存在すること．つまり，X を滑らかにゆがめることによって Y に一致させることができるということ．

ークは再帰的である．いろいろな物理量と直接結びつき，重要性の高いスペクトル次元は，このように，より基本的な量である再帰時刻のフラクタル次元という時間軸上でのフラクタル次元に帰着できるのである．(6.24) 式は，「スペクトル次元は，再帰時刻の余次元の2倍に等しい」と表現することができることを付け加えておく．

広がり次元 $\hat{D}$ は，埋め込まれた空間とはまったく無関係に点のつながりだけで決まるので，他の次元との関係は一般にはない．しかし，点を R^d 中の格子点に限っておけば，次の関係が成立すると思われる．

$$D_2 \geq \hat{D} \tag{6.25}$$

どちらの量も，ある距離以内にある点の数から決まる次元であり，通常の距離は辺の数で定義される距離よりもいつも小さいからである．

1.3 節の（3）相関関数より求める方法，において定義した次元は，点の空間的分布のフーリエ成分によって決められる次元なので，フーリエ次元 (D_F) と呼ばれている．この量は，2次の相関指数 $\nu_2 = D_2$ と一致するものと思われる．

$$D_F = D_2 \tag{6.26}$$

したがって，光の散乱等によって測定される量である D_F は，D_C や D_H や D_I の下限を与えるわけである（$D_H \geq D_F$ は証明されている[1]）．$D_H = D_F$ となる場合が重要であり，そうなるような点の集合は，数学的には一致集合またはセイレム (Salem) 集合と呼ばれている．実際の実験科学の対象となるものは，セイレム集合であるものが多いと期待されるが，たとえばカントール集合はセイレム集合ではないことがわかっている．観測によって得られた D_F は，あくまで D_H 等の下限であると思っておいた方が無難であろう．

これまでの議論ではほとんど表に出てこなかったが，潜在次元という重要な量が存在する（D^* と書くことにする）．ブラウン運動の軌跡のハウスドルフ次元は，空間の次元が2以上ならば，$D_H = 2$ となることがよく知られているが，空間の次元が2以下のときでも軌跡の次元を2としておいた方が一般性の高い議論ができることが多い．そこで新たに潜在次元 D^* を導入し，$D^* = 2$ としておくと便利なのである．6.4 節で述べるように，潜在次元を使うと，フラクタル集合の積や射影，そして断面等を簡単な四則演算によって計算することができるようになる．潜在次元は，負の値や空間の次元 d よりも大きな値をとることができる．ハウスドルフ次元との関係は次のように与えられる．

$$D_H = \begin{cases} 0 & (D^* \leq 0) \\ D^* & (0 < D^* < d) \\ d & (D^* \geq d) \end{cases} \quad (6.27)$$

この節で述べた次元以外にも，次元の定義はたくさんあるが，それらについては文献1),9)などを参考にしていただきたい．

6.3 時系列データの処理の方法

実際の実験や観測では，ある量 x の時間的変動 $\{x(t)\}$ がデータとして得られることが多い．ここでは，このようなデータが与えられたときに，そこからいかにしてフラクタル的性質を抽出するかについて述べる．

一般に，ランダムな時間的変動は定常的なものと非定常的なものとに大きく分類することができる．ここで，定常的変動とは，多体分布関数 $p(x(t_0), x(t_0+t_1), \cdots, x(t_0+t_n))$ が t_0 に依存しないような変動のことである．このような定常性，非定常性はパワースペクトルを調べることにより見当をつけることができる．$x(t)$ のパワースペクトルを $S_x(f)$ とし，f が十分小さいところで次のようなベキの型になっていたとする．

$$S_x(f) \propto f^{-\gamma} \quad (6.28)$$

1.3節において述べたように，$0 \leq \gamma < 1$ のときには，この量は次のような相関関数をフーリエ変換したものに比例する．

$$\langle x(t)x(t+\tau) \rangle \propto \begin{cases} \tau^{\gamma-1} & (0 < \gamma < 1) \\ \delta(\tau) & (\gamma = 0) \end{cases} \quad (6.29)$$

これからもわかるように，この場合には $\{x(t)\}$ は定常的であり，その変動の時間的な意味でのフラクタル次元は γ によって与えられる．とくに $\gamma=0$ の場合は，通常白色雑音と呼ばれているが，フラクタルの立場から考えれば，0次元的雑音とみなすことができるわけである．$1 < \gamma$ の場合には，(6.29)式は成立しなくなり，変動は非定常的となる．非定常的なデータは，相対的な時間だけではなく，絶対的な時間も意味をもってくるので，解析するのは困難である．2.5節で触れた $1/f$ 雑音は，$\gamma=1$ の場合で，定常と非定常の境界線上にあり，どちらに属するとも決めがたい．

(6.28)式のようなスペクトルが得られているときには，$x(t)$ そのものではな

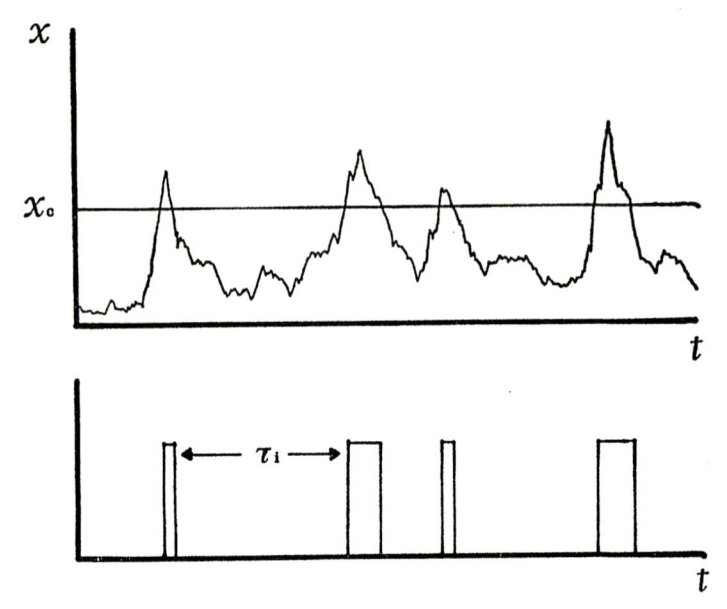

図 6.4 ランダムな連続的変動（上図）を，パルス列（下図）に変換する方法

く，$x(t)$ を適当回数微積分した量を考えれば，スペクトルの指数を常に 0 と 2 の間に落とすことができる．それは，5.4 節で既に一般的に述べたように，$x(t)$ の n 階微分を $x^{(n)}(t)$ としたとき（n が負のときは積分），

$$S_{x^{(n)}}(f) \propto f^{-\gamma+2n} \tag{6.30}$$

が成立するからである．このようにして，パワースペクトルが f の小さいところでベキ法則に従うような現象はすべて，非定常であるか，あるいは適当回数微分した量がフラクタル的であるかのいずれかに分類できることになる．後者の場合，そのフラクタル次元 D は，

$$D = \gamma - 2n \qquad (0 \leq D \leq 1) \tag{6.31}$$

によって与えられる．

　得られたデータが連続な変動ではなく，パルス的な場合には，パルスの間隔の分布を調べてみることも有力である．図 6.4 のように適当に域値 x_c を決め，x が x_c よりも大きな値をとる時刻で 1，そうでない時刻では 0 になるような関数 $f_{x_c}(t)$ を考える．$f_{x_c}(t)$ はパルスの列になるが，それらのパルスの間隔 τ の分布を求めてみるのである．間隔 τ の累積分布が，

$$P(\geqq \tau) \propto \tau^{-D} \tag{6.32}$$

となっていれば，パルスの分布は D 次元フラクタルであるということになる．

これまでは，変動の時間的相関にかかわるフラクタル性について述べたが，時間相関とは別に，変位の分布がフラクタル的であることもある．2.5節で紹介した株価の変動がよい例である．株価は過去とはほとんど無相関に（0次元的に）変動しているが，変位の分布は自己相似的な性質を有する特性指数 1.7 の安定分布となっている．変位の分布のフラクタル性を調べるには，次のようにすればよい．まず，時間間隔 Δt を適当に決め，Δt ごとの x の値を x_j とする（たとえば $x_j \equiv x(j\Delta t)$）．このとき $\xi_j \equiv x_{j+1} - x_j$ の分布関数が $|\xi|$ の大きなところで指数関数的に減少している場合には，その分布は Δt を大きくするとしだいにガウス分布に漸近していくことが予想される．そのような場合には，変位の分布はフラクタル的ではない．フラクタル的な変動の分布といえるのは，Δt を変えても分布が相似で特性指数が 2 未満の安定分布になっている場合である．前章の安定分布のところで述べたように，ガウス分布以外の安定分布はどれも分散が発散している．したがって，変位 $\{\xi\}$ の分布が安定分布となるためには，ξ の分散を有限に押え込むような制限があってはならない．

ランダムな変動が高次元空間中の奇妙なアトラクターによって生じている場合がある．そのようなときには，そのアトラクターのフラクタル次元を1つの変数の時系列 $\{x(t)\}$ より推定しなければならない．1つの座標軸に射影した変動だけから高次元空間中のアトラクターの情報を得ることはやさしくはないが，1981年のターケンス（Takens）の論文[11]以来，多くの研究者がそのための手法の開発を試みている．なかでも，最近，佐野と沢田[12]によって提案された方法は，非常に一般性が高く，実用的である．

まず，与えられたデータ $\{x(t)\}$ から，d 次元の時差座標中の軌道 $\bar{x}(t)$ を次のように構成する．

$$\bar{x}(t) \equiv (x(t), x(t+t_d), x(t+2t_d), \cdots, x(t+(d-1)t_d)) \tag{6.33}$$

ここで，$t_d > 0$ は，適当に与えられた遅延時間差である．軌道上の1点 $\bar{x}(t_0)$ を任意に選び出して，その点から半径 ε 以内に入る軌道上の点を m 個抽出し，$\{\bar{x}(t_j); j=1, 2, \cdots, m\}$ とする．もしも，そのように点を選び出すことができない場合には，$\bar{x}(t_0)$ を別の点に変え，$\{\bar{x}(t_j)\}$ を抽出する．次に，時間が τ だけたったときの変位ベクトル $\vec{Z}^j(\tau)$ を考える．

$$\vec{Z}^j(\tau) \equiv \vec{x}(t_j+\tau) - \vec{x}(t_0+\tau), \quad j=1,2,\cdots,m \tag{6.34}$$

もしも，ε が十分小さければ，$\vec{Z}^j(\tau)$ は線形近似によって，次のように表わすことができるであろう．

$$\vec{Z}^j(\tau) = A(\tau) \cdot \vec{Z}^j(0), \quad j=1,2,\cdots,m \tag{6.35}$$

ここで，$A(\tau)$ は，$d \times d$ 行列である．τ を固定しておいたとき，データ $\{\vec{Z}^j(0)\}$ と $\{\vec{Z}^j(\tau)\}$ から $A(\tau)$ を決定する方法にはいくつか可能性があるが，最小2乗法によって，距離の2乗の和 $\sum_j \|\vec{Z}^j(\tau) - A(\tau)\vec{Z}^j(0)\|^2$ を最小にするように $A(\tau)$ を決めるのが，最も標準的であろう．$A(\tau)$ は，次の方程式を満たすことが確かめられる．

$$A(\tau) \cdot V = C, \quad (V)_{kl} \equiv \frac{1}{m} \sum_{j=1}^{n} Z_k{}^j(0) Z_l{}^j(0)$$

$$(C)_{kl} \equiv \frac{1}{m} \sum_{j=1}^{m} Z_k{}^j(\tau) Z_l{}^j(0) \tag{6.36}$$

ただし，$(\ )_{kl}$ は，$d \times d$ 行列の (k,l) 成分を表わし，Z_k は $\vec{Z}$ の第 k 成分を表わす．$m \geq d$ でかつ縮退がなければ，(6.36) 式により，行列 $A(\tau)$ を一意的に決めることができる．

さて，このようにして，$A(\tau)$ が決まると，リアプノフ指数は次のように求めることができる．

$$\lambda_j = \langle \frac{1}{\tau} \log \|A(\tau)\vec{e}_j\| \rangle \tag{6.37}$$

ここで，$\langle \cdots \rangle$ は異なる $\vec{x}(t_0)$ に対するアンサンブル平均を表わし，$\{\vec{e}_i; i=1,2,\cdots,d\}$ は，d 次元空間の長さ1の直交ベクトル系を示す．このようにして得られた d 個のリアプノフ数 $\{\lambda_i\}$ は，よく知られている力学系に対して，正の値のみならず，0および負の値をとる場合にも，比較的よい精度をもっていることが確認されている．

リアプノフ数がこのようにして求められれば，アトラクターのフラクタル次元 D は，3.2節で述べたように，次式によって与えられる．

$$D = j - \frac{\sum_{i=1}^{j} \lambda_i}{\lambda_j} \tag{6.38}$$

ただし，リアプノフ数 $\{\lambda_i\}$ は大きい順に並べてあり，j は λ_i を順番に加えていったときに初めて負になる λ の個数とする（$\lambda_1 \geq \lambda_2 \geq \cdots \geq \lambda_d$，$j = \min\{n' | \lambda_1 + \lambda_2 + \cdots + \lambda_{n'} < 0\}$）．時差座標の次元 d をいろいろ変えてみても，D が不変であるなら

ば，$\{x(t)\}$ のアトラクターの次元は D であるといってもよいだろう．アトラクターのフラクタル次元が D であるということは，軌道 $\{x(t)\}$ が有限な D 次元のフラクタル構造に，はりついているということを意味する．すなわち，得体の知れないデータ $\{x(t)\}$ は，一見ランダムなように思えたが，よく調べてみると，実は高次元のユークリッド空間中の D 次元アトラクター上の運動を，直線上に射影して観測していただけにすぎないということになるわけである．自然界にあるいろいろなランダムな変動のうちの，どれぐらいのものに対してこの方法が有力であるかはわからない．もしかすると，d を増加するとともに D が増加する傾向が，d をいくら大きくしても止まらないかもしれない．その場合には，変動 $\{x(t)\}$ の自由度は，無限大である可能性がある．しかし，逆に D が有限に確定する場合には，問題となっている現象を理解する上での重要な手がかりが得られたことになるだろう．それは，その現象を記述するために必要な独立変数の数が，有限個（たかだか $d(\geqq D)$ 個）で足りることが保証されるからである．

6.4 数学的補足

この節では，フラクタルをより深く理解するために必要と思われる数学的な知識を紹介する．内容は系統だってはおらず，個別の話題を羅列することになる．

a. ハウスドルフ次元の求め方

ハウスドルフ次元を厳密に計算することは，一般になかなか面倒なことである．例として最も簡単なフラクタル，カントール集合のハウスドルフ次元を求めてみよう[13]．

まず，ネットと呼ばれる閉区間の集合 E_j を次のように定義する．$E_0=[0,1]$, $E_1=[0,1/3]\cup[2/3,1]$, $E_2=[0,1/9]\cup[2/9,1/3]\cup[2/3,7/9]\cup[8/9,1]$, ….つまり，$E_{j+1}$ は E_j の各区間のまん中の3分の1を取り去ったものとして定義される．E_j は長さが 3^{-j} の区間 2^j 個より構成され，カントール集合は $E=\cap_{j=0}^{\infty} E_j$ と表わされる．E は E_j によって被覆されるので $D=\log 2/\log 3$ とすれば，E の D 次元ハウスドルフ測度は，

$$M_D(E) \leqq \lim_{j\to\infty} 2^j \cdot (3^{-j})^D = 1 \tag{6.39}$$

を満たす．

次に E を被覆する任意の閉区間の集合を C とする．C の中の勝手に選んだ閉区間を I とし，I の中に含まれるネットの閉区間を考える．ネットを構成する任意の 2 つの閉区間は，分離しているか，一方が他に含まれるかのどちらかであるから，I の中にある E に属する点はすべて分離した 2 つのネットの閉区間 J と J' の中に含まれると考えてよい（J と J' は異なる E_j に属していてもよい）．したがって，I を J と J' に置き換えても，E を被覆することに変わりはない．J と J' の間の E の点を含まない区間を K ($K \subset I$) とすると，ネットの性質より $|K| = \max(|J|, |J'|)$ となるので（$|\cdots|$ は区間の長さ）

$$|I|^D \geqq (|J| + |K| + |J'|)^D$$
$$\geqq \left(\frac{3}{2}(|J| + |J'|)\right)^D$$
$$= 2\left(\frac{1}{2}|J| + \frac{1}{2}|J'|\right)^D \geqq |J|^D + |J'|^D \quad (6.40)$$

が成り立つ．すなわち，区間 I を J と J' に分解した方が，被覆は，より効率的になることがわかる．このようなネットによる分解を繰り返すことによって，勝手に与えられた被覆 C を，すべての区間の長さが 3^{-j} である E_j に帰着させることができる．したがって，(6.40) 式より，

$$\sum_{I \in C} |I|^D \geqq \sum_{J \in E_j} |J|^D = 1 \quad (6.41)$$

が成り立つ．$M_D(E)$ は左辺の下限であるから，

$$M_D(E) \geqq 1 \quad (6.42)$$

が成り立ち，(6.39) 式と合わせて，

$$M_D(E) = 1 \quad (6.43)$$

となることがわかる．ハウスドルフ測度が 0 でも無限大でもない値となる D がその集合のハウスドルフ次元であるから，結局カントール集合に対して $D_H = D = \log 2/\log 3$ となっていることが証明できたことになる．

b. ルベーグ測度とハウスドルフ測度

ハウスドルフ次元が自然数のとき，ハウスドルフ測度とルベーグ測度は，定数倍の違いしかないことがわかっている[13]．ハウスドルフ測度はルベーグ測度の自然な拡張となっているのである．

図 6.5 カントール集合を利用した奇妙な格子
最大の正方形よりも小さいような任意の大きさの長方形が含まれている．

c. カントール集合のもつある性質

カントール集合はハウスドルフ次元が 1 より小さいので，ルベーグ測度は 0 である．しかし，非可算無限個の点を含んでいるためおもしろい性質をもっている．カントール集合中の 2 点を x_1, x_2 とする．この 2 点を上手に選ぶことによって，2 点間の距離 $|x_1-x_2|$ が 0 と 1 の間の任意の値をとるようにすることができるのである[13]．これをさらに 2 次元に拡張すると，集合 $(E\times[0,1])\cup([0,1]\times E)$ は，1 辺が 1 よりも小さい任意の長方形を含んでいることになる（図 6.5）．すき間だらけのメッシュであるにもかかわらず任意の長方形を含んでいることは，直観的には，なかなか理解しにくいのではなかろうか．

d. トポロジカル次元の定義（6.1 節）

トポロジカル次元 d_T にはいくつかの定義の仕方があるが，ここでは，帰納的定義を与えておく．他の方法については，数学辞典[14]などを参考にされたい．

まず，空集合 ϕ に対し $d_T(\phi)\equiv-1$ とする．次に，整数 n について，$d_T(R)\leqq$

$n-1$ が定義されたとしたとき，$d_T(R)≦n$ であることは，次のことが成り立つことであるとする．集合 R に含まれ，かつ $F⊂G$ となるような任意の閉集合 F と開集合 G に対し，$F⊂V⊂G$ であり，かつ，$d_T(\bar{V}-V)≦n-1$ となるような開集合 V が存在する．ここで $\bar{V}$ は V の閉包を表わす．これで $d_T(R)≦n$ は定義できた．$d_T(R)=n$ とは，$d_T(R)≦n$ かつ $d_T(R)≦n-1$ でないこととすれば d_T の定義は完了する．直観的にいえば，n 次元の集合の境界 $(\bar{V}-V)$ が $n-1$ 次元であることを利用し，順次低次元から次元を定義しているわけである．

e. D_q の微分同型変換不変性

次数 q の情報量次元 D_q が逆像も微分可能であるような任意の変形 $f:\tilde{x}→\tilde{x}'$ のもとで不変であることは，次のように確かめられる[7]．

元の空間中の点 $\tilde{x}$ を含む1辺 ε の立方体（d 次元立方体）は，変換 f によって，ゆがんだ図形 $A(\tilde{x}')$ に写される．その図形を含む最小の立方体の辺の長さを $\varepsilon_0(A(\tilde{x}'))$，その図形に含まれる最大の立方体の辺の長さを $\varepsilon_1(A(\tilde{x}))$ としたとき，ある定数 $C_1, C_2>0$ が存在し，ε が十分小さければすべての $\tilde{x}$ に対し，

$$C_1 \cdot \varepsilon ≦ \varepsilon_1 ≦ \varepsilon_0 ≦ C_2 \cdot \varepsilon \tag{6.44}$$

を満たすことができる．次数 q の情報量 $I_q(\varepsilon)$ は ε に関して減少関数であるから，

$$I_q'(C_2 \cdot \varepsilon) ≦ I_q(\varepsilon) ≦ I_q'(C_1 \cdot \varepsilon) \tag{6.45}$$

が成り立つ．ただし，$I_q'(\varepsilon)$ は変形された空間を，ε の立方体に分割して定義される q 次元の情報量である．各々の空間での q 次の情報量次元 D_q および D_q' は $\varepsilon→0$ の極限で定義されるので，(6.45) 式より，

$$D_q' ≦ D_q ≦ D_q' \tag{6.46}$$

が成立することになり，D_q の不変性が証明される．同じような考え方に基づいて，D_H の不変性も証明されている[7]．実際の問題を扱う場合に現われる変形は，ほとんどの場合微分可能であろう．よほど変わった変形以外では，D_q（したがって D_C, D_I, ν_i も）は変化しないものとみなしてよいのである．

f. フラクタル集合の直積，交わり，射影

直積；S_1, S_2 をそれぞれユークリッド空間 R^{d_1}，R^{d_2} の中の集合とし，各々のハウスドルフ次元を D_{H1}, D_{H2} とする．S_1 と S_2 の直積によって作

られる $R^{d_1+d_2}$ 空間中の集合のハウスドルフ次元 D_{H1+2} は,

$$D_{H1+2} \geqq D_{H1}+D_{H2} \tag{6.47}$$

を満たす. S_1 と S_2 がある種の独立性を有している場合には等号が成り立つ[1]. しかし, $D_{H1}=D_{H2}=0$ でも $D_{H1+2}>0$ となる例もあるので, 多少注意が必要かもしれない[13].

交わり; S_1 と S_2 を R^d の中の集合とし, 各々のハウスドルフ次元を D_{H1}, D_{H2} とする. S_1 と S_2 の交わり $S_1 \cap S_2$ の潜在ハウスドルフ次元を $D^*_{H1\times 2}$ とすると, これらの次元の余次元に関する和が成り立つ. すなわち,

$$d-D^*_{H1\times 2}=d-D_{H1}+d-D_{H2} \tag{6.48}$$

したがって,

$$D^*_{H1\times 2}=D_{H1}+D_{H2}-d \tag{6.49}$$

となる[1]. 潜在次元が与えられたとき, 本当のハウスドルフ次元 $D_{H1\times 2}$ は, (6.27) 式によって, 0 と d の間の値となるように決められる. とくに S_2 が線や面のような整数の次元 d_2 をとる通常の集合の場合には,

$$D^*_{H1\times 2}=D_{H1}-(d-d_2) \tag{6.50}$$

となる. $d_2=2$ の場合には, S_1 を面で切ったときの切り口の次元が $D_{H1\times 2}$ によって与えられるわけである. $D^*_{H1\times 2}$ が負となる場合には, $D_{H1\times 2}=0$ であるが, $D^*_{H1\times 2}$ が小さいほど点の分布がより希薄であることは, 常に成り立っている. 直観的にいうと, たとえば S_1 と線の交わりの集合は, S_2 と面の交わりの集合よりもずっと点がまばらになっているということである.

射 影; R^d 中の次元 D_H の集合 S が $d_0(<d)$ 次元ユークリッド部分空間に射影されたとき, 射影された集合 S' のハウスドルフ次元 $D_{H'}$ は, 次のように与えられる[1].

$$D_{H'}=\min(d_0, D_H) \tag{6.51}$$

この場合にも, S' の潜在次元を $D_H^{*\prime}$ とすれば, $D_H^{*\prime}=D_H$ としておいてよく, 計算が簡単化される.

g. フラクタル集合の微分可能性 (1.2節)

フラクタルは微分不可能であることを1.2節で直観的に説明した. 数学的に

は,「R^2 の中の $1<D_H<2$ である集合上の点は,ほとんどすべて接線をもたない」ということが証明されている[13]. ここで,ほとんどすべてとは,例外があるとしてもその集合のハウスドルフ次元はたかだか 0 であるという意味である.

h. グラフのフラクタル次元について（1.3節,5.4節）

一般に,関数 $f(t)$ が与えられたとき,ある正定数 c と h_0 に対して,

$$|f(t+h)-f(t)| \leq ch^{2-D} \tag{6.52}$$

という不等式が,すべての x とすべての h $(0<h\leq h_0)$ について満足されるならば,グラフ $(t,f(t))$ の D 次元ハウスドルフ測度は無限大ではないことが証明されている[13]. したがって,$D_H \leq D$ が成り立つ.

5.4節で導入した非整数ブラウン運動 $B_H(t)$ は統計的に

$$|B_H(t+h)-B_H(t)|=h^H \tag{6.53}$$

という性質を満足しており,$D_H=2-H$ が成立している[1]. この関数のグラフのフラクタル次元を実際に測度する方法はいくつかあるが,それらが正しい値を与えるかどうかをマンデルブロが調査した[15]. その結果,平面を 1 辺 r の正方形に分割し,グラフを含む正方形の数 $N(r)$ によって決める次元（(1.9′)式）および半径 r 以内の量 $M(r)$ によって定義する次元（(1.16)式）は,どちらも正しい値 $D_H=2-H$ を与えることがわかった. しかし,ディバイダをあてて測定する次元（(1.9)式）は正しい値にならず,$1/H$ という値になってしまうこともわかった. この $1/H$ という値は,次の項で述べるように,実は非整数ブラウン運動の軌跡の潜在次元になっている. ディバイダで測定すると,重複する軌跡も異なるものとみなしてしまうので,このようなことになるのである. これらの結果はすべて,$r \to 0$ の極限で成立することで,$r \to \infty$ の極限ではグラフの次元はどの方法を用いても 1 次元になってしまう. 大きなスケールで見ると,$B_H(t)$ のグラフは 1 次元的になってしまうのである. このような例は,フラクタル次元の測定の方法に関する基礎的な研究をもっと真剣にやる必要があることを促しているといえる.

i. フラクタルランダムウォークの性質（1.4節,4.2節,5.4′節）

フラクタル的性質をもつランダムウォークとしては,既述の非整数ブラウン運動 $\vec{B}_H(t)$ とレビの安定運動 $\vec{L}_\alpha(t)$ が代表的である. どちらも R^d 中のベクトル

で, $\vec{B}_H(t)$ は, 各成分が独立な $B_H(t)$ によって与えられ, $\vec{L}_\alpha(t)$ は方向がまったくランダムで, 変位 U が $P(U>u) \propto u^{-\alpha}$ を満たすようなものとして定義される. パラメータのとりうる範囲は $0<H<1$, $0<\alpha<2$ である. $\vec{B}_H(t)$ は連続的な運動をし, $\vec{L}_\alpha(t)$ は不連続な運動をする. 軌跡の潜在次元 D^* は, それぞれ

$$D^* = \frac{1}{H}, \quad \alpha \tag{6.54}$$

となる. 軌跡が空間を埋めつくすのは $D^* \geq d$ となる場合である. 時間軸上の零点集合(ランダムウォークが原点を通るような時刻の集合)の潜在次元は, それぞれ,

$$1-dH, \quad 1-\frac{d}{\alpha} \tag{6.55}$$

となる. これらの値が正の場合には, ランダムウォークは再帰的(出発点にいつかは戻ってくる)であり, 負の場合には, 再帰的ではない. 軌跡の N 重点の潜在次元は,

$$d-N\left(d-\frac{1}{H}\right), \quad d-N(d-\alpha) \tag{6.56}$$

によって与えられる. これより, 軌跡が多重点をもたないための条件は, $N=2$ として (6.56) 式を負にすることより,

$$dH>0, \quad \frac{d}{\alpha}>2 \tag{6.57}$$

となる. また, 時間を連続的にせず, フラクタル的時刻においてのみ粒子を観測したときの軌跡の潜在次元は, D_t を観測時刻の次元としたとき,

$$\frac{D_t}{H}, \quad D_t \cdot \alpha \tag{6.58}$$

となる.

(6.54)〜(6.58) 式より気づかれたと思うが, どの場合にも $1/H$ と α がまったく同じ形で入ってきている. したがって, (6.54) 式の軌跡の潜在次元 $D^*=1/H$ $=\alpha$ だけによって, (6.55)〜(6.58) 式は表現されているのである. なお, 本当の次元の値のとりうる範囲は, (6.54), (6.56), (6.58) 式では, $[0,d]$, (6.55) 式では $[0,1]$ であることを注意しておく. 潜在次元が, ちょうどこの範囲の境界上にきたときが臨界値を与える. なお, これらのランダムウォークの性質については, あといくつかの細かなことまでわかっているが, それらについては他の文献に委ねることにする[16].

---- tea time ----

フラクタル的世界観

　フラクタル的な考え方の源は，別に最近急に生まれたわけではない．全体が部分と相似であるという世界観は，洋の東西を問わず，はるか昔からあった．一番よい例は，まんだらであろう．御存知のように，密教における世界観を体現したものであるまんだらは，大きな円や小さな円を組み合わせた，きわめてフラクタル的な構図になっている．これは，部分と全体の自己相似的な調和が世界の本質である，ということを表現しているとはいえないだろうか？　この例に象徴されるように，東洋的な思想には，暗に自己相似性を含んだものが多い．社会や家庭における調和を尊ぶ思想は，一人の主に複数が従うというピラミッド構造の，自己相似的な組合せによって全体が構成されている状態を理想としているようだ．また，東洋医学では，手のつぼを刺激することによって胃痛を柔らげたりするが，これは，手という体の一部分の中に体全体の縮図があり，手と体全体とに対応関係があるという考え方に基づいている，と聞く．

　占いは科学的ではないとして無視される傾向が強いが，その基本的な思想はフラクタルと一脈通じるところがある．たとえば，星占いでは，星と人間という非常に大きさの異なるものどうしにある種の相似性を仮定し，それに基づいて未来を占っている．同様のことは，亀卜におけるひびと天気の関係，手相における手のしわとその人全体の関係についてもいえる．つまり，これらの占いは，何らかの形で，大きさや単位の異なるものの間の相似性を，そのよりどころとしているのである．おそらく，これらの占いを信じていた（いる）人にとっては，この暗黙の相似性は自明のものであったのであろう（もちろん，現在これらを否定する人が多いのは，この相似性を疑問視するからにほかならない）．このような相似性を疑うことなく信じられるためには，自己相似的な世界観をもっていることが不可欠であるように思われる．もしも，世界が本当に自己相似的なフラクタル構造になっていたならば，部分を見て世界全体を知ろうとしたり，逆に全体の変化から部分の変化を推定しようとする考え方は，現代人の論理から考えても，きわめて合理的であるといえるだろう．

　いつの頃からか，自己相似的な世界観は否定され，現象を要素に分解し，要素間の基本的法則によってすべてを説明しようとする立場こそが科学的である，というように受けとめられるようになってきた．しかし，これは，複雑なものも分解すれば必ず簡単になるはずである，という暗黙の世界観に基づいていることを忘れてはならない．その限度を越えてこの立場を無理に押し進めれば，我々も古代人と同様の徒労を費すことになりかねないからである．

　現代の科学的な視点からフラクタルを考えるということは，これら2つの世界観を融合した新しい世界観を創り出すことになるのではないかと期待される．その兆しとして，たとえば，宇宙の時空構造そのものが4次元ではなく，フラクタル的である，というような考え方も発表されている．人類の世界観が，フラクタルの出現によって今後どう変わっていくか，非常に興味のもたれるところである．

参考文献

1章
1) B. B. Mandelbrot, The Fractal Geometry of Nature (Freeman, San Francisco, 1982); 広中平祐監訳, フラクタル幾何学 (日経サイエンス社, 1984).
2) 平田森三, キリンのまだら—自然界の統計現象 (中央公論社, 1975).
   以下の文献にもフラクタルに関する興味深い記述がある.
3) 広中平祐, 広中平祐の数学教室 (サンケイ出版, 1981).
4) 高木隆司, かたちの不思議 (講談社, 1984).
5) 石井威望ほか編, ミクロコスモスへの挑戦 (中山書店, 1984), ヒューマンサイエンス 1.
6) 本田成親, MICRO (新紀元社, 1984), 4月号, 36.
7) ピーター・R・ソレンセン, NIKKEI BYTE (日本経済新聞社, 1984), 12月号, 103.
8) 数理科学, 特集フラクタル (サイエンス社, 1981).

2章
1) B. B. Mandelbrot, The Fractal Geometry of Nature (Freeman, San Francisco, 1982); 広中平祐監訳, フラクタル幾何学 (日経サイエンス社, 1984).
2) 武者利光, ゆらぎの世界 (講談社, 1980).
3) 高山茂美, 河川地形 (共立出版, 1974).
4) 杉山寿伸, 名古屋大学フラクタル研究会内報, 1984.
5) 國上真章, 名古屋大学フラクタル研究会内報, 1984.
6) H. Takayasu and I. Nishikawa, Proceedings of the First International Symposium for Science on Form, ed. by S. Ishizaki (KTK Scientific Publishers, Tokyo, 1986), 15. : M. P. Wiedeman, *Circulation Research* **XII** (1983), 375.
7) D. R. Morse et al., *Nature*, **314** (1985), 731.
8) A. S. Szalag and D. N. Schramm, Nature, **314** (1985), 718; E. J. Groth and P. J. E. Peebles, *Astrophys. J.*, **217** (1977), 385.
9) 水谷仁, クレーターの科学 (東京大学出版会, 1980).
10) A. Fujiwara, G. Kamimoto and A. Tsukamoto, *Icarus*, **31** (1977), 277.
11) 竹内均, 水谷仁, 科学, **38** (1964), 622.
12) M. F Shlesinger and E. W. Montroll, *Lecture Note in Math.*, **1035** (Springer Verlag, Berlin, 1983), 130.
13) J. E. Avron and B. Simon, *Phys. Rev. Lett.*, **46** (1981), 1166.
14) D. Avnir, D. Farin and P. Pfeifer, *Nature* **308** (1984), 261; D. Farin, A. Volpert and D. Avnir, *J. Am. Chem. Soc.* **107** (1985), 3368.
15) A. J. Katz and A. H. Thompson, *Phys. Rev. Lett.*, **54** (1985), 1325.

16) S. R. Forrest and T. A. Witten Jr., *J. Phys.*, **A 12** (1979), L109.
17) 松下貢, 早川美徳, 沢田康次, 固体物理, **12** (1984), 789.
18) R. M. Brady and R. C. Ball, *Nature*, **309** (1984), 225.
19) J. Nittmann, G. Daccord and H. E. Stanley, *Nature*, **314** (1985), 141; J.-D. Chen and D. Wilkinson, *Phys. Rev. Lett.*, **55** (1985), 1892.
20) L. Niemeyer, L. Pietronero and H. J. Wiesmann, *Phys. Rev. Lett.*, **52**(1984), 1033.
21) A. A. フュー, 別冊サイエンス, 特集大気科学 (日本経済新聞社, 1977), 55; A. A. Few, *J. Geophys. Res.*, **75** (1970), 7517.
22) J. P. Allen et al., *Biophys. J.* **38** (1982), 299.
23) R. F. Voss et al., *Lecture Note in Math.*, **1035** (Springer Verlag, Berlin, 1983), 153.
24) M. Suzuki, *Prog. Theor. Phys.*, **69** (1983), 65.
25) 今井功, 流体力学 (裳華房, 1973); 巽友正, 流体力学 (培風館, 1982).
26) A. S. Monin and A. M. Yaglom, Statistical Fluid Mechanics: Mechanics of Turbulence 2 (MIT Press, 1975); R. A. Antonia et al., *Phys, Fluids*, **241** (1981), 554.
27) S. Lovejoy, *Science*, **216** (1982), 185.
28) 小舞知子, 名古屋大学フラクタル研究会内報, 1984.
29) H. G. E. Hentschel and I. Procaccia, *Phys. Rev.*, **A 28** (1983), 417.
30) ジャン・ペラン, 原子 (玉虫文一訳, 岩波文庫, 1978).
31) E. Nelson, *Phys. Rev.*, **150** (1966), 1079.
32) L. F. Abbot and M. B. Wise, *American J. of Physics*, **49** (1981), 37.
33) J. T. Berdler, *J. Stat. Phys.*, **36** (1984), 625.
34) E. W. Montroll and M. F. Shlesinger, *Lecture Notes in Math.*, **1035**(Springer Verlag, Berlin, 1983), 109.
35) G. Williams and D. C. Watts, *Trans. Faraday Soc.*, **66** (1970), 80; M. F. Shlesinger, *J. Stat. Phys.*, **36** (1984), 639.
36) V. N. Belykh et al., *Phys. Rev.*, **B 16** (1977), 4860.
37) W. G. Harter, *J. Stat. Phys.*, **36** (1984), 749.
38) 長谷川洋, 戸田幹人, 固体物理, **19** (1984), 375.
39) M. A. Caloyannides, *J. Appl. Phys.*, **45** (1974), 307; F. N. Hooge, *Physica*, **83 B** (1976), 14.
40) E. W. Montroll and M. F. Shlesinger, *J. Stat. Phys.*, **32** (1983), 209.

3 章
1) T. A. Witten Jr. and L. M. Sander, *Phys. Rev. Lett.*, **47** (1981), 1400; P. Meakin, *Phys. Rev.*, **A 27** (1983), 1495.

2) H. Gould et al., *Phys. Rev. Lett.*, **50** (1983), 686.
3) K. Kawasaki and M. Tokuyama, *Phys. Lett.*, **100 A** (1984), 337.
4) P. Meakin, *Phys. Rev.*, **B 29** (1984), 2930; R. Jullien et al., *J. Phys. Lett.* (France), **45** (1984), L2111.
5) M. Matsushita, *Jour. Phys. Soc. Japan*, **54** (1985), 865.
6) E. N. Lorenz, *J. Atmos. Sci.*, **20** (1963), 130.
7) O. E. Rössler, *Phys. Lett.*, **57A** (1976), 397.
8) D. A. Russel et al., *Phys. Rev. Lett.*, **45** (1980), 1175; P. Grassberger and I. Procaccia, *Phys. Rev. Lett.*, **50** (1983), 346.
9) J. Kaplan and J. Yorke, *Lecture Notes in Math.*, **730** (Springer Verlag, Berlin, 1978), 228.
10) C. Simo, *J. Stat. Phys.*, **21** (1979), 465; I. Shimada and T. Nagashima, *Prog. Theor. Phys.*, **61** (1979), 1605.
11) 山口昌哉, 非線型の現象と解析 (日本評論社, 1979).
12) M. J. Faigenbaum, *Phys. Lett.*, **74 A** (1979), 375; *J. Stat. Phys.*, **19** (1978), 25.
13) J. P. Gollub and S. V. Benson, *Phys. Rev. Lett.*, **41** (1978), 948; *J. Fluid Mech.*, **100** (1980), 449.
14) T. Y. Li and J. A. York, *Amer. Math. Monthly*, **82** (1975), 985.
15) J. E. Hutchinson, *Indiana Univ. Math. Jour.*, **30** (1981), 713; ref. §6.14); M. Hata, 学位論文 (1985), *Japan Jour. Applied Math.*, to appear.
16) H. P. Peters et al., *Z. Physik.*, **B 34** (1979), 399.
17) 日本物理学会編, ランダム系の物理学 (培風館, 1981).
18) L. Reatto and E. Rastelli, *J. Phys.*, **C 5** (1972), 2785.
19) D. Stauffer, *Phys. Rep.*, **54** (1979), 1.
20) H. Takayasu, *Phys. Rev. Lett.*, **54** (1985), 1099; *Prog. Theor. Phys.*, **74** (1985), 1343; *Fractals in Physics*, ed. by L. Pietronero and E. Tosatti (Elsevier Science Publishers B. V., 1986), 181.
21) O. Martin, A. M. Odlyzko and S. Wolfram, *Commun. Math. Phys.*, **93** (1984), 219; S. ウォルフラム, サイエンス, **14** (1984), 124.

4章
1) H. G. E. Hentschel and I. Procaccia, *Phys. Rev.*, **A 29** (1984), 1461; I. Procaccia, *J. Stat. Phys.*, **36** (1984), 665.
2) H. Takayasu, *Prog. Theor. Phys.*, **72** (1984), 471.
3) H. Takayasu, preprint DPNU-84-33.
4) C. W. van Atta and W. Y. Chen, *J. Fluid Mech.*, **34** (1968), 497.
5) D. Schertzer and S. Lovejoy, Turbulence and Chaotic Phenomena in Fluids,

ed. by T. Tatsumi (North-Holland, 1984), 505.
6) R. Rammal, *Phys. Rep.*, **103** (1984), 151.
7) R. Rammal, *J. Stat. Phys.*, **36** (1984), 547.
8) B. J. Alder and T. E. Weinwright, *Phys. Rev. Lett.*, **18** (1967), 988.
9) M. H. Ernst and A. Weyland, *Phys. Lett.*, **34 A** (1971), 39; H. van Beijeren, *Rev. Mod. Phys.*, **54** (1982), 195.
10) H. Takayasu and K. Hiramatsu, *Phys. Rev. Lett.*, **53** (1984), 633.
11) P. Grassberger, *Physica* (Utrecht), **103 A** (1978), 558.
12) J. Hubbard, *Phys. Rev.*, **B 17** (1978), 494.
13) P. Bak and R. Bruinsma, *Phys. Rev. Lett.*, **49** (1982), 249.

5章

1) K. G. Wilson and J. Kogut, *Phys. Rep.*, **12** (1974), 75.
2) W. フェラー, 確率論とその応用Ⅱ上, 下 (紀伊國屋書店, 1969, 1970).
3) E. W. Montroll and J. T. Beudler, *J. Stat. Phys.*, **34** (1984), 129.
4) A. N. Kolmogorov, *C. R. Acad. Sci. USSR*, **30** (1941), 301.
5) B. B. Mandelbrot, *Lecture Notes in Math.*, **615** (Springer-Verlag, 1976), 121; 巽友正, 木田重雄, 数理科学, 特集フラクタル (サイエンス社, 1981), 21.
6) F. H. Champague, *J. Fluid Mech.*, **86** (1978), 67.
7) P. J. Flory, Principles of Polymer Chemistry (Cornell Univ. Press, 1971); P. G. De Gennes, Scaling Concepts in Polymer Physics (Cornell Univ. Press, 1979).
8) 森口繁一ほか, 数学公式Ⅰ (岩波全書, 1956), 52.
9) B. B. Mandelbrot, The Fractal Geometry of Nature (Freeman, San Francisco, 1982); 広中平祐監訳, フラクタル幾何学 (日経サイエンス社, 1984).

6章

1) B. B. Mandelbrot, The Fractal Geometry of Nature (Freeman, San Francisco, 1982); 広中平祐監訳, フラクタル幾何学 (日経サイエンス社, 1984).
2) M. Suzuki, *Prog. Theor. Phys.*, **71** (1984), 1397; L. S. Cederbaum et al., *Phys. Rev.*, **A 31** (1985), 1869.
3) H. Takayasu, *J. Phys. Soc. Japan*, **51** (1982), 3057.
4) D. C. Rapaport, *Phys. Rev. Lett.*, **53** (1984), 1965.
5) S. Tsurumi and H. Takayasu, *Phys. Lett.* **113A** (1986), 449.
6) S. Matsuura, S. Tsurumi and N. Imai, *J. Chem. Phys.* **84** (1986), 539.
7) P. Grassberger, *Phys. Lett.*, **97A** (1983), 227.
8) R. Rammal et al., *J. Phys. A. Math. Gen.*, **17** (1984), L 491; N. Berker and S. Ostlund, *J. Phys.*, **C 12** (1979), 4951; M. Suzuki, *Prog. Theor. Phys.*,

69 (1983), 65.
9) J. D. Farmer, E. Ott and J. A. Yorke, *Physica*, **70** (1983), 153.
10) B. B. Mandelbrot, *J. Stat. Phys.*, **36** (1984), 541.
11) F. Takens, *Lecture Notes in Math.*, **989** (Springer Verlag, Berlin, 1981), 366.
12) M. Sano and Y. Sawada, *Phys. Rev. Lett.*, **55** (1985), 1082.
13) K. J. Falconer, The geometry of fractal sets (Cambridge University Press, 1985).
14) 岩波数学辞典 第3版, 日本数学会編 (岩波書店, 1985).
15) B. B. Mandelbrot, *Physica Scripta*, **32** (1985), 257.
16) B. B. Mandelbrot, *J. Stat. Phys.*, **34** (1984), 895.

最近出版された以下の文献も，興味のある方は参考にしていただきたい．
1) 別冊数理科学, 形・フラクタル (サイエンス社, 1986).
2) 山口昌哉, カオスとフラクタル (講談社ブルーバックス, 1986).
3) 高安秀樹, ピクセル1986年4月号, p.93 (コンピュータの作り出すフラクタル構造).
4) Ed. by L. Pietronero and E. Tosatti, Fractals in Physics (Elsevier Science Publishers B. V., 1986).
5) D. Stauffer, Introduction to Percolation Theory (Taylor and Francis, London and Philadelphia, 1985).
6) H. J. Herrmann, *Phys. Rep.*, **136** (1986), 153 (Geometrical Cluster Growth Models and Kinetic Gelation).

索　引

ア　行

悪魔の階段　25, 26, 126
アトラクター
　　——の芯　163
　　奇妙な——　76, 167
アモルファス半導体　59
アルティンの予想　101
安定性(分布の)　137
安定分布　23, 60, 67, 116, 137

イジング系　126
イジングモデル　90
糸状高分子　99
隕石　40

ヴィスカスフィンガー　46, 97
渦定理(ヘルムホルツの)　115

枝(木の)　38
エネルギーカスケード　145
エネルギー散逸率　115
エネルギー散逸領域　54, 147
$1/f$ 雑音　64, 141, 165
エラー(通信系の)　65
エルゴード的　101

凹凸(地表の)　33
オートマトン　99, 110
折れ線形写像　84

カ　行

海岸線　15, 32, 99
ガウス分布　66, 138, 140
カオス　63, 76

拡散方程式　122, 144
拡張された中央極限定理　142
拡張されたフラクタル次元　155
片側安定分布　61, 143
片側分布　140
カットオフ周波数　24
カップラン・ヨーク次元　80
株価の(時間的)変動　67, 144
川　99
慣性領域　146
岩石の破片　41
乾燥剤　43
カントール集合　25, 88, 158, 169, 171
緩和過程　58, 122

気候の変動　35
木の枝　38
奇妙なアトラクター　76, 167
ギャスケット(シルピンスキーの)　27, 101, 121, 158
q 次の情報量次元　158, 162, 172
凝集体　43, 72, 97, 104
銀河団　39
金属葉　43

グーテンベルグ・リヒターの式　36
国別の輸入額　69
雲　2, 55, 99, 117
グラフのフラクタル次元　150
くりこみ群　73, 120, 131
クレーター　22, 40
クーロン力　126

経験的次元　7
経路積分　119

184　索　引

血管　36
　　——の直径分布　38
ケーリートゥリー　161
原始根　101

コイル・グロビュール　49
鉱物の分布　27
高分子　48, 59, 115, 147
固体表面　42
コッホ曲線　3, 10, 12, 15, 88, 103, 158
コルモゴロフの −5/3 乗則　145

サ　行

再帰時刻のフラクタル次元　163
採油(石油の)　46
砂岩　43
3周期点　82
4/3 乗則(リチャードソンの)　117

時間的変動(株価の)　144
次元解析　73, 145
自己回避ランダムウォーク　49, 98, 108, 115, 121, 149
自己相似性　3
時差座標　167
地震　36
ジップの法則　23, 68
射影　173
シャルコフスキーの順序　82
集合(有理数の)　162
自由度　7
重力の理論　6
縮小写像　97, 104
樹枝状(のフラクタル)構造　46, 97
ジュリア集合　86, 107
衝撃波　48
情報量次元　17, 158, 162
　q 次の——　172
小惑星　40
植物の構造　38

ジョセフソン接合　60
所得の分布　65
シルピンスキーのギャスケット　27, 101, 121, 158
芯(アトラクターの)　163
人口(都市の)　69
シンボリックダイナミックス　84

スピン系　90
スペクトル　22, 23
　分子の——　62
スペクトル次元　119, 162
墨流し　55, 99, 117

脆性破壊　91
セイレム集合　164
石油の採油　46
ゼロックスコピー　58
潜在次元　164, 175

相関関数　21, 164
相関指数　159, 164
相関積分　159
相似性次元　9, 10, 161
相似法則(レイノルズの)　54
相転移(パーコレーション)　49, 132
測度　12, 18
粗視化　14, 131
素数　101

タ　行

対数正規分布　65
タイプ 3　102
タイプ 4　102
ダスト(レビの)　29, 104, 143
脱臭剤　43
単語の(出現)頻度　23, 68

地形　32
地表の凹凸　33

中央極限定理　66, 142
直径分布(血管の)　38
直積　172

通信系のエラー　65

テイル　140

ド・ウィースのフラクタル　27
特異関数(ルベーグの)　28
特性指数　139
特徴的な長さ　1
都市
　——の大きさ　23
　——の人口　69
土星の輪　41
トポロジカル次元　157, 162, 171

ナ 行

長さ(特徴的な)　1
ナビエ・ストークス方程式　55

2次相転移　50
ニュートン法　87

脳　38

ハ 行

肺　36
ハウスドルフ次元　7, 11, 161, 169
ハウスドルフ測度　170
白色雑音　151, 165
パーコレーション　49, 89, 91, 95, 108, 121, 133
ハックの法則　34
発散(分散の)　141
破片(岩石の)　41
パワースペクトル　165

ビオ・サバールの法則　115

光のゆらぎ　57
非整数階の微(積)分　144, 149
非整数ブラウン運動　110, 152, 174
微(積)分(非整数階の)　144, 149
ビッグバン　39
非ニュートン流体　46
ひび割れ　92
微分可能性　173
広がり次元　161, 162

不安定な不動点　134
不確定性原理　13
不完全性定理　102
不純物の分布　124
不動点(不安定な)　134
不変集合　87
ブラウン運動　57, 151
フラクタル　5
　ド・ウィースの——　27
フラクタル構造(樹枝状の)　97
フラクタル次元　7, 161
　拡張された——　155
　グラフの——　150
　再帰時刻の——　163
フラクトン次元　119
フーリエ次元　164
フローリーの理論　147
分散の発散　141
分子のスペクトル　62
分布
　——の安定性　137
　鉱物の——　27
　所得の——　65
　不純物の——　124
　星の——　29
分布関数　22

ペアノ曲線　8, 10
ヘノン写像　77, 106
ヘルムホルツの渦定理　115

186　索　引

変動
　　株価の―― 67
　　気候の―― 35

ポアンカレ写像 79
放電 91
放電パターン 47
星 39
　　――の分布 29
ホルツマーク分布 116, 140

マ 行

−5/3乗則(コルモゴロフの) 145
交わり 173
窓 81
マンデルブロ 5

虫の数 38

モンテカルロくりこみ 136

ヤ 行

有効次元 155
有理数の集合 162
ユークリッド次元 161
輸入額(国別の) 69
ゆらぎ(光の) 57

容量次元 12, 162
余次元 125, 164

ラ 行

ライデンびん 58
ラマン散乱 49
ランダムウォーク 57, 97, 119, 156, 174
乱流 54, 114

リアプノフ次元 80, 162
リアプノフ指数 79, 168
リチャードソンの4/3乗則 **117**
リヒテンベルク図 47
量子的カオス 63
量子的粒子 57
リー・ヨークの定理 82
臨界指数 52, 135
臨界点 49

ルベーグ測度 170
ルベーグの特異関数 28

レイノルズ数 54, 146
レイノルズの相似法則 54
レーザー・スペクトロコピー **62**
レスラー系 77
レビのダスト 29, 104, 143

ロジスティック写像 80
ロジスティック方程式 83
ローレンツガス 123
ローレンツ系 74, 105
ローレンツ分布 140, 142
ロングタイムテイル 58, 122

著者略歴

高安秀樹(たかやすひでき)

1958年　千葉県に生まれる
1985年　名古屋大学大学院博士課程修了
現　在　ソニーコンピュータサイエンス研究所・理学博士
本書にて第2回日刊工業新聞技術・科学図書文化賞受賞

フラクタル（新装版）　　　　　定価はカバーに表示

1986年 4月25日　初　版第1刷
2006年12月25日　　　　第27刷
2010年 3月25日　新装版第1刷
2022年 5月25日　　　　第8刷

著　者　高　安　秀　樹
発行者　朝　倉　誠　造
発行所　株式会社　朝　倉　書　店

東京都新宿区新小川町6-29
郵便番号　162-8707
電　話　03(3260)0141
ＦＡＸ　03(3260)0180
https://www.asakura.co.jp

〈検印省略〉

© 1986〈無断複写・転載を禁ず〉　　　新日本印刷・渡辺製本

ISBN 978-4-254-10235-2　C 3040　　　Printed in Japan

JCOPY 〈出版者著作権管理機構　委託出版物〉

本書の無断複写は著作権法上での例外を除き禁じられています．複写される場合は，そのつど事前に，出版者著作権管理機構（電話 03-5244-5088, FAX 03-5244-5089, e-mail: info@jcopy.or.jp）の許諾を得てください．

好評の事典・辞典・ハンドブック

脳科学大事典	甘利俊一ほか 編	B5判 1032頁
視覚情報処理ハンドブック	日本視覚学会 編	B5判 676頁
形の科学百科事典	形の科学会 編	B5判 916頁
紙の文化事典	尾鍋史彦ほか 編	A5判 592頁
科学大博物館	橋本毅彦ほか 監訳	A5判 852頁
人間の許容限界事典	山崎昌廣ほか 編	B5判 1032頁
法則の辞典	山崎 昶 編著	A5判 504頁
オックスフォード科学辞典	山崎 昶 訳	B5判 936頁
カラー図説 理科の辞典	山崎 昶 編訳	A4変判 260頁
デザイン事典	日本デザイン学会 編	B5判 756頁
文化財科学の事典	馬淵久夫ほか 編	A5判 536頁
感情と思考の科学事典	北村英哉ほか 編	A5判 484頁
祭り・芸能・行事大辞典	小島美子ほか 監修	B5判 2228頁
言語の事典	中島平三 編	B5判 760頁
王朝文化辞典	山口明穂ほか 編	B5判 616頁
計量国語学事典	計量国語学会 編	A5判 448頁
現代心理学［理論］事典	中島義明 編	A5判 836頁
心理学総合事典	佐藤達也ほか 編	B5判 792頁
郷土史大辞典	歴史学会 編	B5判 1972頁
日本古代史事典	阿部 猛 編	A5判 768頁
日本中世史事典	阿部 猛ほか 編	A5判 920頁

価格・概要等は小社ホームページをご覧ください。